彩图1　大白菜冻害症状

彩图2　黄瓜叶斑病症状

彩图3　幼苗萎蔫症状

彩图4　番茄冻害症状

彩图5　整株枯死症状

彩图6　覆盖保温被

彩图7　覆盖材料草帘

彩图8　大白菜霜霉病症状

彩图9　大白菜软腐病症状

彩图10　白菜炭疽病症状

彩图11　芹菜斑枯病症状

彩图12　莴苣菌核病症状

彩图13　甘蓝黑腐病初期症状

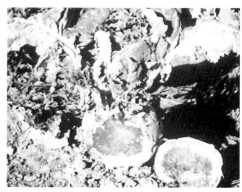

彩图14　球茎甘蓝黑腐病（球茎剖面）

彩图15　茄子黄萎病症状（半边疯）

彩图16　茄子黄萎病症状（维管束褐变）

彩图17　番茄叶霉病症状

彩图18　番茄黄化曲叶病毒病症状

彩图19　烟粉虱为害状

彩图20　番茄根结线虫病症状

彩图21　辣椒疫病症状

彩图22　辣椒炭疽病症状

彩图23　豌豆锈病症状

彩图24　豌豆白粉病症状

彩图25　菜豆根腐病症状

彩图26　四季豆炭疽病症状

彩图27　四季豆锈病症状

彩图28　黄瓜霜霉病症状

彩图29　黄瓜灰霉病症状

彩图30　西瓜病毒病症状

彩图31　西瓜炭疽病症状

彩图32　甜瓜白粉病症状

彩图33　萝卜霜霉病症状

彩图34　胡萝卜黑斑病症状

彩图35　马铃薯疮痂病症状

彩图36　芦笋茎枯病中期症状

彩图37　芦笋茎枯病后期症状

彩图38　莲藕腐败病症状

彩图39　大葱紫斑病症状

彩图40 洋葱霜霉病症状

彩图41 洋葱未熟抽薹症状

彩图42 大蒜叶枯病症状

彩图43 韭菜灰霉病症状

彩图44 韭菜疫病症状

彩图45 蛴螬

彩图46　根蛆

彩图47　蝼蛄

彩图48　地老虎

彩图49　菜蛾为害状

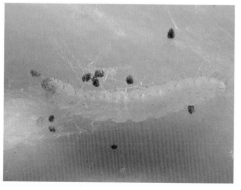

彩图50　菜蛾幼虫

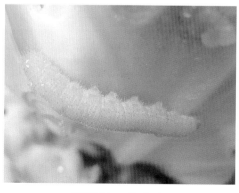

彩图51　菜青虫

彩图52　菜螟成虫

彩图53　菜螟幼虫

彩图54　菜螟高龄幼虫钻蛀为害菜茎

彩图55　甜菜夜蛾成虫

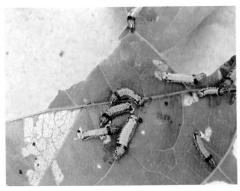

彩图56　甜菜夜蛾幼虫

彩图57　甜菜夜蛾老熟幼虫

彩图58　斜纹夜蛾幼虫

彩图59　烟粉虱

彩图60　菜蚜

彩图61　斑潜蝇

彩图62　斑潜蝇为害症状

彩图63　马铃薯瓢虫幼虫

彩图64　茄二十八星瓢虫

彩图65　黄曲条跳甲成虫

彩图66　豇豆螟

彩图67　烟蓟马

彩图68　黄守瓜黄足亚种

蔬菜病虫害防治手册

徐兴权　王友林　编　著

中国农业出版社

图书在版编目（CIP）数据

蔬菜病虫害防治手册 / 徐兴权，王友林编著 . —北京：中国农业出版社，2017.12（2018.10 重印）
ISBN 978-7-109-23876-3

Ⅰ.①蔬…　Ⅱ.①徐…②王…　Ⅲ.①蔬菜—病虫害防治—手册　Ⅳ.①S436.3—62

中国版本图书馆 CIP 数据核字（2018）第 010302 号

中国农业出版社出版
（北京市朝阳区麦子店街 18 号楼）
（邮政编码 100125）
责任编辑　郭晨茜　孟令洋

———————————

中国农业出版社印刷厂印刷　新华书店北京发行所发行
2017 年 12 月第 1 版　2018 年 10 月北京第 2 次印刷

———————————

开本：880mm×1230mm　1/32　印张：8.125　插页：6
字数：214 千字
定价：28.00 元
（凡本版图书出现印刷、装订错误，请向出版社发行部调换）

编　委　会

主　任：徐善明
副主任：赵厚峰
主　编：孙礼国
编　委：王友林　赵统利　徐兴权　陈振泰
　　　　高　焕　王　伟　黄东英　霍卫群
　　　　陈守金　王美龙　相振满　谢　燕
　　　　丁以兰　张慧军　代慧敏

致　　谢

　　书稿编写过程中，连云港市农业科学院的同事们给予很多帮助与工作分担，使我能够集中精力从事书稿编写工作。

　　感谢南京农业大学郭坚华教授审阅蔬菜病害部分，李元喜教授审阅蔬菜害虫部分，洪晓月教授指导编写工作。

出 版 说 明

　　为了贯彻落实党中央、国务院关于建设国家农业科技园区战略部署，充分发挥国家农业科技园区在地方经济建设和农村社会发展中的引擎作用，由连云港国家农业科技园区建设协调领导小组办公室牵头，组织科研教学、生产管理等相关方面专家，编写江苏连云港国家农业科技园区特色产业培育读本，旨在推动园区农业科技特色产业壮大，促进全市农业增效、农民增收和农村发展。

　　江苏连云港国家农业科技园区特色产业培育读本的编写出版，是连云港国家农业科技园区建设需要，是新形势下推动全市科技事业繁荣需要，也是连云港市实现聚焦富民增收目标需要。在编写过程中，我们以江苏连云港国家农业科技园区建设总体规划为重点，汇聚科技要素理念，推进"新品种新技术、互联网＋、创新载体、科技服务、龙头企业"等进园区，确立以经济林果、海洋水产等为农业科技特色产业进行培育建设。这套读本的编写出版，主要是面向农业生产实际需要，解决蔬菜、林果、花卉、海洋水产等国家农业科技园区特色产业培育的技术集成问题，读者对象是基层科技管理工作者、农业科技型企业、农村科技服务超市、农民专业合作社、家庭农场和专业大户等。

　　本套读本的编写出版，得到了市国家农业科技园区建设协调领导小组成员单位的大力支持。南京农业大学郭坚华教授、李元喜教授，扬州大学何小弟教授、淮海工学院阎斌伦教授等审阅了部分书稿。青海省西宁农业广播电视学校王伟先生提出许多宝贵修改意见。相关出版社的领导和编写人员也给予了很多帮助。在此，我们表示衷心的感谢！我们也敬望广大读者在使用这套读本时能够多提宝贵意见。

编 委 会

2017 年 10 月

目录

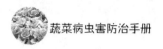

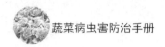

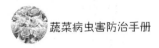

第一章

蔬菜病害的诊断

　　蔬菜种植面积不断扩大，种植品种迅速增加，在极大地丰富了城乡居民"菜篮子"的同时，也为广大菜农带来了丰厚的经济效益。但是在蔬菜产业迅速发展的同时，蔬菜的各类病害也经常使广大菜农蒙受损失，使蔬菜产品的质量安全受到威胁，如何经济有效地控制病害，减少生产损失，提高蔬菜产品的质量，已成为当前蔬菜产业发展急需解决的关键问题。

　　蔬菜病害种类繁多，分为侵染性病害和非侵染性病害。侵染性病害是由病原真菌、细菌、病毒、线虫以及寄生性植物引起，非侵染性病害是由植物本身的遗传缺陷或者不适宜的环境条件所造成的，如碱害、盐害、缺素、肥害、药害等。正确的病害诊断方法是田间诊断和室内诊断相结合。蔬菜的病害主要有 200 多种，主要隶属于真菌（73％）、细菌（10％）、病毒（15％）三大类，其他如线虫病占 2％。

　　诊断首先看病害有无典型症状，所谓症状就是病征和病状的总称。病征就是病原物及其繁殖体在植物上出现的现象，如白粉状、霉状物、小黑点、小黑粒、脓状物等；而病状是植物受病后所出现的病态，如产生花叶、斑点、萎蔫、腐烂、畸形等。由于很多受病的植物既有病状又有病征，因此常统称为症状，但也有不少受病植物只有病状没有病征的。

　　若在田间诊断中发现，病害有典型的、规则的病状，还有病征就可以初步确定是侵染性病害（图 1-1）。

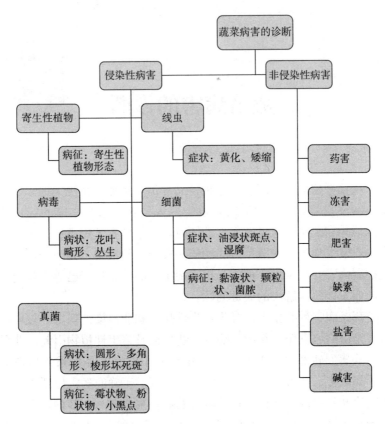

图 1-1　蔬菜病害的田间诊断示意

一、蔬菜病害的发生特点

蔬菜病害是蔬菜在生长发育过程中由于病原微生物的侵染或受到周围不良环境的影响后，其正常的生理代谢受到了干扰，内部组织结构和外部形态出现的异常现象。蔬菜病害的症状可以分为两种类型：病征与病状。

1. 病征

病症是指寄生于病部表面的病原微生物的各种形态结构的表

现，主要是指病原真菌的营养体或繁殖体的结构物。常见蔬菜病害的病征有以下几种类型：霉状物、粉状物、粒状物、绵（丝）状物、脓状物。

2. 病状

病状是指蔬菜发病后所表现的不正常状态，主要包括变色、畸形、坏死、腐烂、萎蔫五大类型。

3. 发生时期与发生部位

（1）发生时期 分为苗期病害、成株期病害、采后病害。

苗期病害常见的有立枯病、猝倒病、灰霉病和沤根。

成株期病害常见的有霜霉病、疫病、白粉病、菌核病、枯萎病、青枯病、锈病、病毒病、软腐病、根肿病。

采后病害是蔬菜在采后的贮藏、运输、销售期间发生的病害。采后侵染蔬菜的病原物主要是一些弱寄生性的真菌和细菌，常见的有青霉、葡萄孢、链格孢、根霉、镰刀菌、曲霉等。

（2）发生部位 蔬菜的根、茎、叶、花、果均可感染病原微生物，引起发病。蔬菜叶部病害是发生最多的，主要有早疫病、炭疽病、晚疫病、霜霉病、白粉病、黑斑病、角斑病、软腐病、疮痂病、病毒病等；茎部病害主要有枯萎病、黄萎病、青枯病等；根部病害主要有根腐病、根肿病、根结线虫病、沤根、烧根；发生于花和果实上的病害主要有灰霉病、脐腐病、日灼病。

4. 发生特点

（1）病原在土壤中的存活和积累 多年连作地为病原物的大量繁殖和积累创造了有利条件。

（2）种子、苗木传带病菌 通过从外地调种或购入种苗后，将新的病害传入。

（3）潮湿的环境条件 蔬菜生长发育要求其环境湿润，这样才有利于蔬菜生产。但是潮湿的环境条件对病原物来说，同样是十分适合的，湿度大尤其有利于细菌的繁殖和真菌孢子的形成。细菌必须在水中游动和侵入，而真菌孢子要在水中或较高湿度时才能萌发和侵入。因此在潮湿的条件下，蔬菜病害发生严重。

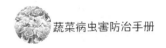

（4）**蔬菜病害发生过程**　病原微生物接触并侵入蔬菜植物体组织，在适宜环境条件下大量在植物体内繁殖，逐步表现出症状。

5．常见症状

（1）变色

定义：植物生病后局部或全株失去正常的颜色称为变色。

原因：由于叶绿素或叶绿体受到抑制或破坏，色素比例失调造成的。

表现：主要表现形式：

①褪绿和黄化。整个植株、整个叶片或其一部分均匀地变色，褪绿是由于叶绿素的减少造成的，变色规律：嫩绿、浅绿色、浅黄、黄、白、灰、红、褐、紫、黑，最后干枯死亡。成因：缺肥（缺 N、P、K、Mg、Ca、S 等）、干旱、水涝、冻害、日灼、缺乏微量元素、氯害、药害、肥害等。

②非均匀变色。主要表现在叶片（正面、背面）、果面（阴面、阳面）部位相间而形成不规则的杂色，不同颜色部位的轮廓是清楚的。

变色部位的轮廓不很清楚，就称作斑驳。成因：缺少微量元素、病毒病、根腐病、冻害、日灼、除草剂、药害、肥害等。

（2）坏死

定义：指植物细胞和组织的死亡。

原因：通常是由于病原物杀死或毒害植物，或是寄主植物的保护性局部自杀造成的。

表现：坏死在叶片上通常表现为坏死斑和叶枯。坏死斑的形状、大小和颜色因病害而不同，但轮廓都比较清楚。有的坏死斑周围有一团变色环，称为晕环。大部分病斑发生在叶片上，早期是褪绿或变色，后期逐渐变为坏死。

①病斑。病斑的坏死组织有时可以脱落而形成穿孔症状，有的坏死斑上有轮纹，这种病斑称作轮斑或环斑。环斑是由几层同心圆组成的，各层颜色不同。类似环斑的症状，有的叶片上形成单线或双线的环纹或线纹，形成的线纹，表皮组织坏死的则表现

为蚀纹。

②叶枯。一般是指叶片上较大面积的枯死，枯死的轮廓有的不像叶斑那样明显。叶尖和叶缘的大块枯死，一般称作叶烧。桃细菌性穿孔病植物叶片、果实和枝条上还有一种称作疮痂的症状，病部较浅而且是局限的，斑点的表面粗糙，有的还形成木栓化组织而稍为突起。

植物根茎可以发生各种形状的坏死斑。幼苗茎基部组织的坏死，引起所谓猝倒（幼苗在坏死处倒伏）和立枯（幼苗枯死但不倒伏）。木本植物茎的坏死还有一种梢枯症状，枝条从顶端向下枯死，一直扩展到主茎或主干。

③溃疡。病部稍微凹陷，周围的寄主细胞有时增生和木栓化，限制病斑进一步的扩展。氮或磷过量、缺少微量元素、病毒病、冻伤、日灼、砷危害、除草剂伤害等均可造成溃疡。

（3）腐烂

定义：指植物组织较大面积的分解和破坏。

原因：由于病原物产生的水解酶分解、破坏植物组织造成的。

腐烂与坏死的区别：腐烂是整个组织和细胞受到破坏和消解，而坏死则多少还保持原有组织和细胞的轮廓。

表现：①干腐。组织腐烂时，随着细胞的消解而流出水分和其他物质，如细胞的消解较慢，腐烂组织中的水分能及时蒸发而形成干腐。

②湿腐。指细胞的消解很快，腐烂组织不能及时失水则形成湿腐。

③软腐。主要先是中胶层受到破坏，腐烂组织的细胞离析，以后再发生细胞的消解。

根据腐烂的部位，分别称为根腐、基腐、茎腐、果腐、花腐等。

④溃疡、流胶。其性质与腐烂相似，是从受害部位流出的细胞和组织分解的产物。氮或磷过量、缺少微量元素、冻伤、日灼、土壤有机质过低等均可造成溃疡或流胶。

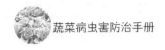

（4）萎蔫

定义：指植株的整株或局部因脱水而枝叶下垂、卷叶的现象。

原因：由于植物根部受害，水分吸收和运输困难或病原毒素的毒害、诱导的导管堵塞物造成。线虫、缺少微量元素、病毒、干旱、日灼等均可造成溃疡或流胶。

表现：萎蔫期间失水迅速、植株仍保持绿色的称为青枯。不能保持绿色的又分为枯萎和黄萎。

（5）畸形

定义：指植株受害部位的细胞分裂和生长发生促进性或抑制性的病变，致使植物整株或局部的形态异常。

原因：主要是由于病原物分泌激素物质或干扰寄主激素代谢造成的。

表现：

①矮化。植株各个器官的生长成比例地受到抑制，病株比正常植株矮小得多。

②矮缩。植株不成比例地变小，节间的缩短。

③丛枝。枝条不正常地增多，形成成簇枝条的称作丛枝。

④卷叶。叶片沿主脉平行方向向上或向下卷成卷叶。

⑤缩叶。卷向与主脉大致垂直称缩叶。

⑥癌肿。植物的根、茎、叶上可以形成癌肿。

⑦耳突。茎和叶脉可形成突起的增生组织，如耳状的耳突。

⑧花变叶。有些病害表现花变叶症状，花瓣等变为绿色的叶片状。

二、侵染性病害的诊断

（一）真菌病害

真菌病害可基本分为两大类群，即卵菌病害和非卵菌病害。

病状：常有坏死、畸形、萎蔫、褪色、疱状、腐烂。

病症：在发病后期都出现霉状物、粉状物、小黑点等，有的发病时可长出绵丝状、茸毛状的菌丝。

1. 卵菌病害

（1）分类地位　是指由鞭毛菌亚门卵菌纲真菌侵染所致，其中以疫霉、霜霉、腐霉、白锈菌等真菌为蔬菜上的重要病原菌，可引起蔬菜的猝倒病、绵腐病、疫病、绵疫病、霜霉病、白锈病、根腐病、茎腐病以及果腐病等。寄主范围广，为害后不仅减低产量，严重影响品质，甚至失去食用和商品价值，经济损失极大。

（2）卵菌病害的诊断

①病状诊断。各种卵菌病初发病状都呈水渍状小斑开始，病斑扩大后其边缘不明显，病健交界模糊。

②病症诊断。在潮湿时病斑上均产生霉层，霉层颜色多数为白色或灰白色，有的为灰黑色。霜霉病的霉层多在叶背病部产生。凡卵菌病害的霉层都较柔软，一经抚摸即可擦掉，白锈病的病症为疱疮状，可与其他菌类区别。

③病害发展过程诊断。卵菌病害一般从下部老叶或长大的叶片开始，逐步向上蔓延，而其他病害无此规律。从病害流行季节判断：卵菌所致病害的发生一般要求较高的湿度，在持续阴雨天气、高湿多雨季节发生较重。其中一些卵菌病害如猝倒病、霜霉病和白锈病为低温高湿型病害，故春（3～4月）、秋（10～11月）两季为病害流行期；而疫病、绵疫病为高温高湿型病害，故5～6月是病害流行季节，可作为诊断病害时参考。

④镜检确诊。通过普通显微镜检查霉状物，只要见到多核无隔的菌丝体就可确诊为卵菌病害。

2. 非卵菌病害

（1）分类地位　非卵菌病害主要包括有子囊菌、担子菌和半知菌引起的病害。

（2）非卵菌病害的诊断

①子囊菌。主要引起局部性病害。

病状：其菌丝体在植株体内的扩展局限于侵染点附近，受害部位病健处有明显的界线，因此形成一定形状的病斑。有的引起疮

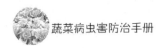

痂、溃疡、皱缩等局部病变或畸形，有的引起气管腐烂和支柱萎蔫，有的在叶、茎、果上形成明显的病斑，如白粉病。

病症：子囊菌引起的病害在生长季后期在发病部位形成不同颜色的小粒点，即子实体，是诊断这类病害的重要依据。白粉菌的菌丝大都分布在寄主的表面，肉眼看来呈白色或灰色霉层，田间易于霜霉菌的霜霉混淆。一般白粉菌的霉层多分布在叶片的正面，而霜霉病的霉层主要分布在叶片的背面，白粉菌对硫素特别敏感，可用硫黄粉或石硫合剂防治。

②担子菌。主要引起蔬菜的黑粉病和锈病。

病状：锈菌通常只引起局部侵染，形成点状褪绿的病斑。

病症：在寄主受害部位形成黄锈色疱状或略隆起的孢子堆。

③半知菌类。引起的病害症状类型大多数是局部坏死。

病状：在叶、茎、果上形成明显的病斑，如叶斑病、炭疽病、枯萎病、早疫病等。

病症：其中丝孢目大都引起叶斑或果腐，病斑有明显边缘或产生不同颜色的茸毛状霉层；球壳孢目引起局部性病害，为害叶片引起斑点类型症状，通常病斑圆形，有明显的边缘，中央生黑色小点。

3. 真菌病害发病症状及防治

以西瓜为例简介。

（1）症状

①猝倒病。各地均有发生，发病初期在幼苗近地面处的茎基部生出黄色至黄褐色水渍状缢缩斑，致幼苗猝倒，一拔即断。一经染病，叶片尚未凋萎，幼苗即猝倒死亡，湿度大时，在病部或其周围的土壤表面生出一层白霉。

②立枯病。西瓜出苗期间，立枯丝菌核主要侵染根尖及根茎部的皮层，有些植株子叶凋萎，拔出病菌可见茎基部生有黄褐色水渍状凹陷斑，有的扩展至环茎一周，呈蜂腰状缢缩，病株矮小，坐果少，严惩的全株萎蔫或倒伏。

猝倒病或立枯病病害是苗期的主要病害，在育苗或直播地发展很快，若在直播地，苗穴周围与垄相平，防积水发病，苗期立枯病易导致后期的枯萎病。

③枯萎病。发病初期叶片从后向前逐渐萎蔫，似缺水状，中午尤为明显，但早晚可恢复，3～6日后，植株叶片枯萎下垂，不能复原，茎蔓基部缢缩，病根变褐色腐烂，病茎纵切面上维管束变褐。湿度大时病部表面生出粉红色霉层。

④炭疽病。苗期至成株期均可发病。叶片和瓜蔓受害重，苗期子叶边缘现出圆形或半圆形褐色或黑褐色病斑，外围常具一黄褐色晕圈，其上长有黑色小粒点或淡红色黏稠物。近地表的茎基部变成黑褐色，且收缩变成细致苗猝倒；叶柄或染病，初为水浸状淡黄色圆形点，稍凹陷，后变黑色，病菌环绕茎蔓一周后全株枯死；真叶染病，初为圆形至纺锤形或不规则水浸状斑点，有时现出轮纹，干燥时病斑易破碎穿孔，潮湿时叶面生出粉红色黏稠物；成熟果实染病斑多发生在暗绿色条纹上，果实染病初呈水浸状陷形褐色病斑，陷处常龟裂，湿度大时病斑中部产生粉红色黏稠物，严重的病斑连片腐烂。

⑤疫病。苗、成株均可发病，为害叶、茎及果实。子叶染病先呈水浸状暗绿色圆形斑或不整形病斑，迅速扩展，湿度大时，腐烂或像开水烫过，干后为淡褐色，易破碎。茎基部染病，呈纺锤形水浸状暗绿色凹陷斑，包围茎部且腐烂，患部以上全部枯死。果实染病，先呈暗绿色圆形水浸状凹陷斑，后迅速扩展及全果，至果实腐烂，发出青贮饲料的气味，病部表面密生白色菌丝，病健部边缘无明显病斑。

⑥蔓枯病。主要侵染茎蔓，也侵染叶片和果实。叶片染病，现出圆形或不规则形黑褐色病斑，病斑上生小黑点；湿度大时病斑迅速扩及全叶，致叶片变黑而枯死。瓜蔓染病，节附近产生灰白色椭圆形至不规则形病斑，病斑上密生小黑点，发病严重的，病斑环茎皮分权处。果实染病，初产生水渍状病斑后中央变为褐色枯死斑，呈星状开裂，稍发黑后腐烂。

（2）病原主要越冬场所 ①未腐熟的农家肥。②病残体及带病

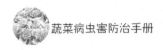

菌的田间枯草。③种子带菌。

（3）发病的主要原因　①重茬。②种子带菌。③土壤带菌。④光照不足。⑤地势低洼，排水不良。⑥高温高湿。⑦肥料比例不合理，密度过大，通风不良。⑧田间管理粗放，对虫害防治不及时。

（4）主要传播途径　①借气流、雨水、灌溉水传播。②害虫传播。③不合理的田间操作。

（5）综合防治措施

①轮作。一般轮作年限5年以上。

②选种。选抗病品种。

③种子处理。用高锰酸钾1 000倍液浸种30分钟；用10％磷酸三钠溶液浸种20分钟；用清水洗净放在30℃左右温水中浸泡7～8小时，每隔1～2小时搅动一次。有机（绿色）种植中可以选用南京农业大学创制的"宁盾"A型等多菌混合的微生物菌剂浸种，并稀释浇灌苗床。

④土壤处理。100千克苗床土中，加0.5千克代森锰锌或多菌灵等杀菌剂，混拌均匀，播种后在苗床上敌克松水溶液。有机（绿色）种植中可以选用微生物菌剂"宁盾"A型稀释液，喷洒到有机肥中，翻入土壤，或于移栽当天稀释灌根。总用量5升/亩*。

⑤加强田间管理。控制氮肥施用量，增加磷、钾肥及微量元素施用量；合理密植，增强田间通风透光。

⑥加强病虫害防治。

a. 在发病前：可用甲霜灵、代森锰锌等杀菌剂预防，两场雨中间必须用药。有机（绿色）种植中可以选用"宁盾"B型稀释喷雾，0.3～0.5升/亩。

b. 发现病株，及时拔除：将病株拿到田外深埋，在得病部位加大施药量，然后全田用药。

c. 发病初期用药：防治真菌病害可用多菌灵、甲基硫菌灵、

---

* 亩为非法定计量单位，1亩≈666.7m²。

代森锰锌、甲霜灵等杀菌剂。

（二）细菌病害

一般细菌病害的症状主要有坏死、腐烂、萎蔫和癌肿等；病征有黏液状、颗粒状菌脓溢出。

1. 细菌病害的田间症状

一是受害组织表面常为水渍状或油渍状；二是在潮湿条件下病部有黄褐色或乳白色、似水珠状的菌脓，干燥条件下病部形成菌膜；三是腐烂型病部常有恶臭味。

2. 细菌病害诊断

对细菌病害的诊断，除了根据症状、侵染和传播特点外，有的要作显微镜观察，有的还要经过分离、培养和接种等一系列的实验才能证实。细菌病害的病部表面见不到各种霉状物或粉状物，诊断时首先对光观察病叶，看病斑边缘是否呈油浸状或透明状，再做溢（喷）菌现象试验：切取病健交界处的组织于玻片上，加清水，从一侧向另一侧盖上盖玻片（避免气泡），立即置于显微镜下观察，在切口处可见有大量细菌呈云雾状流出，即溢菌现象，则可确定为细菌病害。细菌侵染植物途径主要是从伤口侵入，伤口愈大侵入的细菌愈多，侵染成功率愈高。也可从植物体的自然孔口如皮孔、气孔等侵入。

3. 细菌病害发病症状及防治

以辣椒为例简介。

（1）为害症状　辣椒青枯病发病初期仅个别枝条的叶片萎蔫，后扩展至整株，地上部叶色较淡，后期叶片变褐枯焦。病茎外表症状不明显，纵剖茎部维管束变为褐色，褐变部位用手挤压可见乳白色黏液溢出。

辣椒疮痂病主要为害叶片、茎蔓、果实，果柄也可受害。叶部染病，初现许多圆形或不规则形水浸状斑点，黑绿色至黄褐色，有时出现轮纹，病部具不整形隆起，呈疮痂状，病斑大小 0.5～1.5 毫米，多时可融合成较大斑点，引起叶片脱落；茎蔓染病，病斑呈

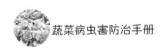

不规则条斑或斑块，后木栓化，或纵裂为疮痂状；果实染病，出现圆形或长圆形病斑，稍隆起，墨绿色，后期木栓化。

辣椒细菌性叶斑病在田间点片发生，主要为害叶片。成株叶片发病，初呈黄绿色不规则水浸状小斑点，扩大后变为红褐色或深褐色至铁锈色。该病一经侵染，扩展速度很快，一株上个别叶片或多数叶片发病，植株仍可生长，严重的叶片大部脱落。细菌性叶斑病健交界处明显，但不隆起，与疮痂病有区别。

（2）病原越冬场所　①病菌随病残体遗留在土地中越冬。②未腐熟的农家肥。③种子带菌。

（3）发病的主要原因　①重茬。②种子带菌。③土壤带菌。④土温20℃以上，气温30℃以上。⑤大雨或连阴雨后骤晴，气温急剧升高，湿气、热气蒸腾量大。⑥肥料比例不合理，密度不大，通风不良。⑦田间管理粗放，对虫害防治不及时。⑧地势低洼，排水不良。⑨酸性土壤等。

（4）主要传播途径　①借气流、雨水、灌溉水传播。②害虫传播。③不合理的田间操作。

（5）防治措施

①轮作。一般轮作年限3年以上。

②选种。选抗病品种。

③种子处理。一般种子都已包衣，甜椒可用清水浸泡10～12小时，再用0.1％$CuSO_4$溶液浸5分钟，捞出后拌少量草木灰或消石灰；也可用52℃温水浸种30分钟后移入冷水中冷却再催芽。有机（绿色）种植中可使用微生物菌剂"宁盾"浸种，并稀释浇灌苗床。

④培育壮苗。适时定植，合理密植，雨季及时排水，尤其下水头不要积水。

⑤保护地栽培要加强放风，防止棚内温度过高。

⑥加强病虫害防治，及时防蚜虫和烟青虫。

⑦合理施肥，加强田间管理。

⑧收获后及时清除病残体或及时深翻。

⑨有机（绿色）种植中可以选用微生物菌剂"宁盾"A型稀释后，移栽当天灌根。总用量 5 升/亩。无公害种植中，发病初期可用 77％可杀得、72％农用链霉素、48％琥铜·乙膦铝喷防或50％敌枯双灌根。

（三）病毒病害

病毒病害大约占病害总数的 15％。病毒病害的诊断主要根据植株发病后表现出的失绿、黄化、矮化、丛枝、花叶及畸形等特殊症状，在田间，一般在心叶开始出现症状，然后扩展到其他部位。

病状：由病毒引起的症状大都是花叶、坏死斑、畸形、丛生。

病征：没有任何病征。

为害特征：绝大部分病毒是系统侵染，且在高温、高湿条件下不利于病害的加重。同时受害部位既不形成子实体，见不到各种霉状物和粉状物，也看不到细菌溢脓，分离不到真菌或细菌。

1. 为害症状

①西瓜病毒病。主要表现为花叶型，从顶部叶片开始出现浓淡相间的绿色斑驳，病叶细窄皱缩，植株矮小、萎缩，花器发育不良，不易坐果，即使坐瓜，瓜也很小。

②辣椒病毒病。常见有花叶、黄化、坏死、畸形，花叶分为轻型和重型花叶两种类型：轻型花叶病叶初现明脉轻微褪色，或现浓、淡相间的斑驳，病株无明显畸形或矮化，不造成落叶；重型花叶除表现褪绿斑驳，叶面凸凹不平，叶脉皱缩畸形、坏死，病株部分组织变褐坏死，表现为条斑、顶枯、坏死、斑驳及坏斑等；畸形：病株变形，如叶片变成线状，即蕨叶，或植株矮小，分枝极多，呈丛枝状，严重易引起落花、落果。

2. 传播途径

昆虫传播黄瓜花叶病毒、马铃薯 Y 病毒、苜蓿花叶病毒；接触传染（及伤口）烟草花叶病毒。

3. 发病条件

①刺吸式口器的害虫如蚜虫、叶蝉等带毒、传毒。②不合理的

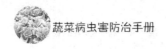

田间操作。③定植晚，连作地。④低洼地。⑤缺肥地。

4. 综合防治措施

①选抗病品种。

②适时播种、培育壮苗。

③种子用 $10\%Na_3PO_4$ 浸种。浸种 $20\sim30$ 分钟后，洗净催芽；在分苗、定苗前，或花期分别喷洒 $0.1\sim0.2\%ZnSO_4$ 溶液。

④发现蚜虫及时防治。西瓜在第一次压蔓时和坐果时先用杀虫剂防止蚜虫发生。

⑤植株根系发达，早栽早结果，提高抗病力。

⑥田间操作合理，防病毒从伤口侵入。

⑦遮阴栽培及时防治蚜虫。可与高粱、玉米等高秆作物间作，减轻病毒病发生。

⑧采用配方施肥技术。施足基肥，勤浇水，尤其采收期。

⑨药剂防治。如病毒灵、植病灵等。

（四）线虫病害

1. 为害症状

幼苗大都黄化、矮缩，生长后期有畸形（如叶片扭曲、根局部肿大）、坏死斑或腐烂（干腐型）等。大部分的线虫病无病征，有的则在须根上形成球形或圆锥形大小不等的白色根瘤。

2. 发病条件

线虫病在田间常成块发生，一般在重茬地发病重，在碱性土壤、沙质土和有机肥料少的地块发病重，也有的用带线虫的播种材料致使发病重。

3. 传播途径

线虫在土壤 $5\sim30$ 厘米处生存，常以卵块随病残体遗留在土壤中越冬，病土地、病苗及灌溉水是主要传播途径。

一般可存活 $1\sim3$ 年，条件适宜时，由埋藏在寄主根内的雌虫，产出单细胞的卵，卵产下经几小时形成一龄幼虫，脱皮后孵出二龄幼虫，离开卵块的二龄幼虫在土壤中移动寻找根尖，由根冠上方侵入定居在生长锥内，其分泌物刺激导管细胞膨胀，导致根部产生根结。小麦粒线虫造成虫瘿。

适温 25～30℃，田间土壤温度是影响孵化和发育的重要条件，土壤温度适合蔬菜生长，也适于根结线虫活动，雨季有利于孵化和侵染，但在干燥或过湿土壤中，其活动受到抑制，其在沙土中为害常较黏土地重，适宜土壤 pH 4～8。

4. 综合防治方法

①水淹法。有条件地方对地表 10 厘米，或更深土层淤灌几个月，起到限制根结线虫侵染、繁殖和增长的作用。

②轮作。芹菜、黄瓜、番茄是高感菜类，大葱、韭菜、辣椒是抗耐病菜类，病田种植抗耐病蔬菜可减少损失，降低土壤中线虫量，减轻下茬受害。番茄—水稻轮作，对番茄根结线虫病、番茄枯萎病的防治效果均较好；水稻上的病虫害也会逐年减轻。

③药剂防治。常规无公害种植可以使用噻唑膦、阿维菌素等；有机（绿色）种植可以使用微生物菌剂线灭或"宁盾"A 型，移栽当天稀释灌根。总用量 5 升/亩。

（五）寄生性植物

病状：植株瘦小，生长不良，产量锐减。

病征：肉眼可看到寄生性植物各种形态，寄生性植物在连作地经常发生，在使用带有寄生性植物种子的播种材料发病重。

1. 向日葵列当（又叫毒根草）

（1）植物学性状　双子叶植物，直立、单生、肉质、淡黄色，被细毛，高度不等，最高的约 40 厘米，没有真正的根，利用短须式的吸根（吸盘）钻入向日葵的根中吸收汁液而营寄生生活。种子落入土中，遇到向日葵的根即萌发，寄生在根上，在向日葵根外首先发育成膨大部分，然后在此长出不分枝的茎秆。向日葵长出花盘时，为列当最早出土期，大量出土是在向日葵普遍开花期。列当种子在土壤中能存活 5～10 年。

除为害向日葵外，也为害烟草、番茄、瓜类等。

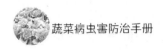

（2）综合防治措施　①加强植物检疫。②培育抗列当的品种。③轮作 6～7 年。④向日葵开花后期种子成熟前，坚持进行 2～3 次中耕锄草，在向日葵后期增加锄草次数。⑤在列当开花之前，连根拔除销毁，不让其结籽。⑥向日葵花盘直径超过 10 厘米时（早了会有药害），在地面上喷浓度 0.2% 以下的 2,4-滴溶液，每亩 300～350 千克。

2. 菟丝子（又叫无根草）

（1）植物学性状　茎细，花簇生，缠绕在植物上吸取营养，主要为害豆科作物，一株产 300 粒种子，休眠期 5 年以上，20 年内都可发芽，一般年份 4 月中旬至 6 月发病重。

（2）综合防治措施　①植物检疫。②化学防治。可选用仲丁灵，使用时期、浓度和方法参见说明书。③生物防治。可选用鲁保 1 号，使用时期、浓度和方法参见说明书。

三、非侵染性病害的诊断

（一）非侵染性病害

非侵染性病害也叫生理性病害。主要是不适当的营养、水分、温度或有害物质等环境因素引起作物代谢失调、形态变异、组织坏死、产品变质等不正常现象。防治主要通过改善环境条件或及时补充缺乏营养元素来培养壮株来消除。

（二）非侵染性病害与侵染性病害的区别

1. 非侵染性病害"三性一无"

植物非侵染性病害由非生物因素即不适宜的环境条件引起，这类病害没有病原物的侵染，不能在植物个体间互相传染。

（1）突发性　病害在发生发展上，发病时间多数较为一致，往往有突然发生的现象。病斑的形状、大小、色泽较为固定。

（2）普遍性　通常是成片、成块普遍发生，常与温度、湿度、光照、土质、水、肥、废气、废液等特殊条件有关，因此无发病中心，相邻植株的病情差异不大，甚至附近某些不同的作物或杂草也会表现出类似的症状。

（3）散发性　多数是整个植株呈现病状，且在不同植株上的分布比较有规律，若采取相应的措施改变环境条件，植株一般可以恢复健康。

（4）无病征　生理性病害只有病状，没有病征（病原物）。

2. 侵染性病害"三性一有"

侵染性病害由生物因素引起，可以在植物个体间互相传染，因而又称侵染性病害。

（1）循序性　病害在发生发展上有轻、中、重程度的变化过程，病斑在初、中、后期其形状、大小、色泽会发生变化，因此在田间可同时见到各个时期的病斑。

（2）局限性　田块里有一个发病中心，即一块田中先有零星病株或病叶，然后向四周扩展蔓延，病、健株会交错出现，离发病中心较远的植株病情会有减轻现象，相邻病株间的病情也存在着差异。

（3）点发性　除病毒、线虫及少数真菌、细菌病害外，同一植株上，病斑在各部位的分布没有规律性，其病斑的发生是随机的。

（4）有病征　除病毒和类菌原体病害外，其他传染性病害都有病征。如细菌性病害在病部有脓状物，真菌性病害在病部有锈状物、粉状物、霉状物、棉絮状物等。

3. 辩证鉴定

在进行鉴定诊断时，不管是生理性病害还是传染性病害，为了更加准确诊断，必须结合实验室鉴定，进一步验证诊断。

（三）非侵染性病害常见实例

1. 瓜类低温危害

属非生物病害，不具传染性。一般上午环境温度低于20℃，开花结果作物不能正常开花授粉，易出空洞果、畸形果及落花

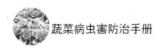

落果。

下午 3 时至半夜温度低于 16℃，养分不易转化，造成叶片黑厚而浓绿，易化瓜落果，形成花打顶、瓜打顶、自封顶。下半夜温度低于 10℃，叶易老化、干枯。

2. 茄果蔬菜缺素症　见表 1-1。

表 1-1　茄果蔬菜缺素症

种类	典型症状
缺硼	作物龙头弯曲，很容易自封顶
缺硼	开花不结实
缺钙	龙头下新出来的叶干尖、干边
缺硫	龙头下新叶是黄叶
缺铁	龙头下新叶是白叶
缺镁	下部叶片全变黄
缺锰	下部叶脉呈绿色，叶下垂，叶肉有黄斑
缺锌	下部叶肉变黄，叶脉是绿色
缺钾	下部叶全绿，黄边

3. 辣椒的日灼病和脐腐病

（1）典型症状

日灼：是强光照射引起的生理病害，主要发生在果实向阳面上，发病初期被太阳晒成灰白色或浅白色革质状，病部表皮变薄，组织坏死发硬，后期腐生菌侵染，长出灰黑色霉层而腐烂。

脐腐病：又称顶腐病或蒂腐病，主要为害果实，被害果花器残余部及其附近出现暗绿色水浸状斑点，后迅速扩大到近半个果实，患病组织皱缩，表面凹陷，常伴随弱寄生菌侵染而呈黑褐色或黑色，内部果肉也变黑，但仍较坚实，如遭软腐细菌侵染，引起软腐病。

（2）发病原因

日灼：主要是果实局部受热，灼伤表皮细胞引起，一般叶片遮阴不好，土壤缺水或天气干热过度，雨后暴热，均易引起此病。

脐腐病：在高温干旱条件下易发生，水分供应失常是诱发此病的主要原因，当植株前期土壤水分充足，但在植株进入生长旺盛时水分骤然缺乏，原来供给果实的水分被叶片夺取，致使果实突然大量失水，引起组织坏死而形成脐腐。钙素不足也易引起该病，土壤中氮肥过多，营养生长旺盛，果实不能及时补充钙也会发病。

（3）综合防治措施

①地膜覆盖保持土壤水分稳定，防止钙流失。适时灌水，在结果后及时均匀浇水防止高温为害，浇水应在 9～12 小时进行。

②选用抗病品种。

③双株合理密植或与高秆作物合适比例间作。根外追肥，着果后喷洒 1% 过磷酸钙 2～3 次，及时防治"三落病"（落花、落果、落叶）。

④用遮阳网覆盖。

（四）药害

1. 蔬菜药害的类型

使用农药是蔬菜生产上病虫害管理的主要技术手段，帮助菜农有效控制病虫为害的同时，药害也经常发生。掌握蔬菜药害的类型及症状，能够及时有效控制药害后遗症。

（1）残留型药害　药害的特点是施药当季作物不发生药害，而残留在土壤中的药剂对下茬作物产生药害。如玉米田施用除草剂后，对下茬白菜、豆类等蔬菜产生药害。这种药害主要影响下茬蔬菜种子正常发芽，重者烂种烂芽，出苗不全。其药害较难诊断，容易与肥害等混淆。生产中应了解前茬作物的栽培管理情况、农药使用情况等进行诊断，以防误诊造成损失。

（2）慢性型药害　药害特点是施药后症状表现不明显，有一定的潜伏期，蔬菜前、中期生长缓慢，商品性变差等。这种药害很难诊断，易和其他生理性病害相混淆。生产中应了解本茬蔬菜生长特

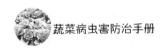

性，病虫害发生情况，施肥和施药种类、数量，与正常植株长势进行对照诊断。

（3）急性型药害　药害具有发生快、症状明显的特点，施药后几小时到几天内就出现症状。主要表现为：

①叶片受害，出现斑点、穿孔、灼烧、卷曲、畸形、枯萎、黄化、失绿或白化等。

②根部受害，表现为白根、须根减少，根皮变黄或发脆、腐烂等。

③种子不能发芽生长。

④植株受害，表现为落花、落蕾，果实畸形、变小、出现斑点及锈果、落果等。这种药害容易诊断，生产中要注意不过量施用农药，发生药害及时喷洒清水或叶面营养液，灌水并及时排除积水，及时加强田间管理，以减少损失。

2. 蔬菜药害的症状

药害发生后，及时识别药害特征以与病害及生理影响相区别，才能及时处理。药害因农药种类不同、蔬菜种类不同、受害轻重不同而症状有很大差异，其主要表现为：

①烧叶。叶脉间变色和叶缘尤其是滴药水处变白或变褐色，叶表受到较轻药害时失去光泽。区别于其他伤害的重要特点是中部叶及功能叶严重，嫩叶及上部叶片变色比下部严重，气害则是多中部叶及功能叶严重，边缘及叶反面严重，可与药害相区别。

②叶变黄或脱落。在根部受药害、肥害及大水闷根时心叶、小叶变黄。对药物敏感则大叶变黄，茄子上用含代森锰锌等药物过量，如甲霜灵·锰锌等会引发叶黄甚至脱落。

③叶子、果实着生黑斑、黑点。如果农药使用浓度偏高时，铜制剂可使茄子、番茄果实上生黑点，使豆类荚果生黑斑，特点是黑亮且擦不掉。嘧霉胺可以使茄子叶片生片状褐斑。

④抑制生长。在浓度偏高时，铜制剂会造成伊丽莎白等甜瓜在初膨大期停止生长；40％氟硅唑（福星）等也能使黄瓜头停止生长，形成"花打顶"；烯唑醇等三唑类药物也会使多种蔬菜生

长变慢，叶小果小，生长受抑制。使用抑制剂尤其是浓度高时，及有意使用较高浓度的复硝酚钠（爱多收）、甲壳素等抑制生长则在预料之中，而有些调节剂如乙烯利也有抑制生长作用，需把握好浓度进行调节。

⑤落花落果。前边的烧叶、黄叶等药害多数也会引起落花落果，另外，浓度偏高的乙烯利，有机磷农药中的水氨硫磷、敌百虫、敌敌畏在花期前后常引发一些蔬菜的落花落果。花期喷用化学制剂多会引发授粉不良、落花落果，所以对一般蔬菜提倡花期不向花朵喷药喷肥。

⑥叶果畸形。点花药物如 2,4-滴、防落素等用量大时容易导致生长点心叶变厚、变窄、扭曲畸形如病毒病，导致果实变形、尖顶或僵住不长或开裂、空心。

3. 蔬菜药害的预防和治疗

防止药害应本着预防为主的原则，因此必须综合考虑各种因素，预防在先（图 1-2）。

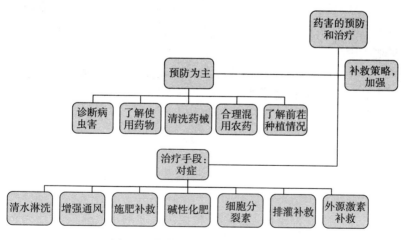

图 1-2　蔬菜药害的预防和治疗示意

（1）预防为主

①正确诊断蔬菜病虫害。详细了解病虫为害症状和程度，准确

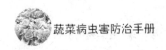

诊断病虫害；选用农药做到对症下药，按防治指标施药，防止用错农药，避免发生药害。对药剂敏感的蔬菜，施药时要先做抗药性测定。

②了解使用药物的基本情况。

a. 慎用新药。对于新药或自己未使用过的药剂，或从技术资料上查到的农药使用方法，都应先进行小范围内的药剂试验，取得经验后，再大面积使用。

b. 药剂性质。在使用（购买）农药前，一定要仔细查看农药标签上的使用说明，了解药物特性，做到对症下药，避免施用不适当的药物。

c. 药剂质量。如可湿性粉剂和胶悬剂的悬浮率下降，乳油稳定性差，有分层，大量沉淀或析出许多结晶，都会产生药害，应避免使用。

d. 正确用药。使用过程中一定要按要求的浓度、用量、施药时期、用药次数施药，不可任意添减。夏季中午高温（30℃以上）、强烈阳光照射、相对湿度低于50%、风速超过3级、雨天或露水很大时不能施药。苗棚用药前要开棚锻炼苗，用药后不可立即关棚。

③清洗药械。如喷过除草剂的喷雾器必须清洗多遍再用肥皂水或2%～3%热碱水反复清洗数次，再用清水冲。如喷2,4-滴的喷雾器要用0.2%浓度的苏打水清洗机身和喷头，再用苏打水浸泡8～12小时，最后用清水洗净。妥善处理喷雾余液，不可随地乱倒，以免产生药害。

④合理混用农药。混用农药时注意品种的特性，切勿乱混用和随意增加用量和提高浓度。

⑤了解前茬种植情况。前茬种植蔬菜时对前茬作物用药的情况尤其是除草剂使用情况必须了解清楚，前茬用莠去津除草后对下茬的蔬菜药害也相当严重，如种西瓜则影响西瓜生长和结瓜，甚至毫无收成。

在蔬菜作物上，不能使用国家禁用农药，注意所用农药的安全间隔期。施药后，不在安全间隔期内采收。

（2）补救策略，加强管理　在苗床内发生药害，可用分苗的方式来减轻药害。种子受害或幼苗受害较轻的田块，应加强肥水管理，适当补充氮肥，促苗早发。种子或幼苗受害较重的田块，要及时补种或者移栽，缺苗断垄严重的应毁种重栽。

植物生长中后期受害，要及时中耕松土或人工培土，适当增施磷钾肥，促进根系发育，提高作物自身的恢复能力。

（3）治疗手段，对症下药

①增强通风。温室有害气体积累及烟雾剂形成的药害，通过增加通风量和通风时间缓解药害。及时放风后，可喷洒 2％复硝酚钠或 0.01％芸薹素内酯等进行补救。

②清水淋洗。叶面和植株喷洒农药后引起的药害，如发现及时，可立即用大量清水或者适量洗涤剂液喷洗受害部位药液。有效缓解内吸性一般的农药药害。

③施肥补救。可用 0.1％高锰酸钾喷淋一遍，经过高锰酸钾的强氧化作用分解药物。养护叶片使用 2％复硝酚钠 2 000 倍液，有利于蔬菜伤害恢复。

④喷洒碳酸氢铵等碱性化肥溶液。如因错用或者过量使用有机磷类、拟除虫菊酯类、氨基甲酸酯类等酸性农药，喷洒碳酸氢铵等碱性化肥溶液有一定的解毒作用，又有根外施肥促进植物生长发育的效果。

⑤细胞分裂素恢复叶片活力。起到抑制叶绿素过快分解作用，对叶面药斑、叶缘焦枯或植株黄化的药害有效。

⑥排灌补救。对一些除草剂引起的药害，适当排灌也可减轻药害程度。

⑦激素补救。对于抑制或干扰植物赤霉素的除草剂、植物生长调节剂，如 2,4-滴丁酯、二甲四氯、乙烯利等药剂，可喷施赤霉素、芸薹素内酯等激素类植物生长调节剂缓解药害程度。

为了提高药害恢复速度，除喷用核苷酸、复硝酚钠外，还可以混加甲壳素、菇多糖等，能促进恢复，并能减少继发的病害。

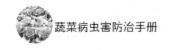

（五）冷害

天气温度骤降，蔬菜冷害发生频繁，一些缺乏经验的菜农，因对这类生理病害缺乏认识，往往不知道如何预防而遭受损失。

1. 发生原因

冷害因不同作物、发生时期、受害温度高低、持续时间长短及环境条件不同，症状表现不同。冷害一般分为寒害和冻害。

（1）寒害　是指温度尚未达到冰点时，低温引起蔬菜生理失常的表现。不管是耐寒性、半耐寒性蔬菜还是喜温、耐热性蔬菜，在环境温度未达到0℃的低温时，虽然不会枯死，但是长时间处在低温寡照的条件下，或在较高温度下突遇低温，蔬菜生理机能即可出现异常，植株或果实会表现出各种异常症状。

（2）冻害　指冰点以下的低温胁迫，引起植物体内发生结冰胁变，因而使植物体受到伤害或死亡的现象（彩图1）。

一般来说，多数叶菜类对低温的耐受力较强，在接近0℃时还可以成活；而瓜类及茄果类蔬菜的耐寒性就比较差，如黄瓜、辣椒在接近0℃时就会枯死。

2. 识别

（1）寒害的基本特征

①叶斑。即叶片上出现大小不一的枯死斑。病斑一般从叶尖或远离叶脉的地方开始，颜色发浅，或仅叶肉部分变白（彩图2）。例如当日光温室温度较高时突然放风，就会造成蔬菜植株叶片或部分叶肉受害，即通常所说的"闪苗"；日光温室持续低温会出现叶枯，表现为叶片边缘枯死，这种症状往往在受害的晚期出现，即遭受冷害的组织未能恢复所致。

②萎蔫。温度骤降或缓慢低温都可引起萎蔫（彩图3）。温度骤降引起的萎蔫多半是发生在棚温较高时突然浇了冷水后，这是由于高温时植株蒸腾量较大，浇了冷水使植株的根系活力下降，根部水分吸收受阻造成的。受害严重时植株会因水分严重失衡而死亡。缓慢低温引起的萎蔫往往发生在连续阴天的时候，此时的气温不一

定下降到0℃，但是由于长时间的低温、寡照，根系吸收功能受阻。这种冷害往往使植株先变黄，持续时间较长时植株自上而下逐渐发生萎蔫。

③黄化。蔬菜植株生长缓慢，叶片颜色变浅、变黄。黄化现象的发生主要是由于植株遭受持续低温寡照，光合能力减弱，植株整体营养缺乏所致。因其症状与缺氮有些相似，故常常被误认为缺肥。

④花打顶。植株的生长点出现大量雌花或小瓜，植株停止生长。发生的原因是由于低温促使了蔬菜花芽过度分化，雌花数大量增加，而植株缺乏足够的营养供应其生长，营养生长受限，从而造成雌花聚集在植株的顶端。花打顶主要在黄瓜等瓜菜类蔬菜上最为常见。

⑤畸形花、畸形果。在番茄上最易出现，表现为花的萼片数增加，果实颜色变浅、变小、开裂或为多头果。发生的原因是由于花芽分化时长时间低温造成的，例如番茄的第一穗果是从番茄苗长至两片真叶后开始的，如果此时长时间处于10℃低温之下，形成的子房就会分裂成多个，以后长出的果实就为多头果。低温形成的畸形果与生长素使用不当造成的畸形果有所不同，后者仅在脐部出现一个突起。

⑥落花、落果。由于持续低温引起植株营养缺乏，使已授粉的花或已膨大的果实不能生长发育，产生离层而脱落。此外，冷害还可以引起播种期的烂种，幼苗抗病力下降，进而诱发出多种病害（猝倒病、灰霉病）。

（2）冻害的主要特征

①顶芽受冻。受冻较重者，生长点受害，顶芽冻死，生长停止。受冻较轻者，黄瓜、西葫芦等出现花打顶现象，部分植株生长点发生萎缩现象。

②叶片受冻。受冻叶片边缘上卷、失绿，甚至发黄或发白，严重时干枯（彩图4）。叶柄和茎秆部位在冻害初期常常出现紫红色，严重时变黑枯死。

③果实受冻。因植株受冻，光合产物减少，一些果类蔬菜的果实通常会出现着色不均匀、畸形果和心腐果。茄果类蔬菜还会出现僵果。有的因授粉不完全致营养缺乏出现落花落果。

④根系受冻。根系受到冻害时，生长停止，不发新根，并逐渐变褐甚至死亡（彩图5），阻碍了养分和水分的正常吸收，造成营养缺乏。

3. 预防措施

（1）严把温室建造关 提高温室的升温、保温性能，改善温室小环境（彩图6）。棚膜选择保温性能好的聚氯乙烯膜和醋酸乙烯膜；棚膜外覆盖优质草帘，草帘要求质地紧密，厚度不低于5厘米，草帘搭接紧密；温度较低时，应在草帘外覆盖棚膜。

（2）加强栽培管理 培育壮苗，加强秧苗抗逆性锻炼，增强抗寒性；遇到连续阴雪寡照天气时，在不降低棚温的前提下，要短时间揭帘见散射光；久阴雨雪后天气乍晴，要遮阴、秧苗喷温水，逐步升高棚内温度；发生寒害后，及时摘除顶花及部分果实，叶面喷施叶面肥，以促进植株恢复生长。

（3）做好蔬菜定植后的水肥管理工作 晴天时避免棚温过高，特别是棚温过高时，防风要缓，避免室内温度大起大落。阴天时要适当缩短揭帘时间，尽可能保持棚温。天气久阴骤晴时要避免植株在阳光下暴晒，可采用花帘覆盖的方法进行降温。当黄瓜、西葫芦出现花打顶时，可以适当疏掉一些幼果，以利枝蔓生长。此外，喷施高效叶面肥，加强蔬菜长势，也有利于提高蔬菜作物的抗寒能力。

（4）临时增温措施

①加盖立帘。在温室前屋面竖一排草帘，阻挡寒风，提高温室的保温效果。

②增加草帘覆盖厚度。在原来草帘的基础上再增加一层草帘，或在草帘上面加盖旧棚膜、彩条布、帐篷等覆盖材料，增强保温性能（彩图7）。

③控制浇水。连续阴雪天引起植株打蔫时，一般不可浇水，如

果天气开始好转，土壤干旱，必须浇水时，用水壶点浇温水，千万不可用冷水进行漫灌。对发生病害的温室采用烟雾剂或粉尘剂防治，以降低室内空气相对湿度。

④温室内实行多层覆盖。对较矮或苗龄较小的植株，搭建0.8～1米高的小拱棚架，草帘覆盖后在小拱棚架上搭盖一层塑膜。

⑤充分利用散射光。阴雪天气期间，在中午雨雪间隙抓住机会揭开草帘见光1～2小时，利于植株进行光合作用和室内增温，以缓解低温对植株的危害。并擦净棚膜，增加透光度，降温前及时盖帘。

⑥增加人工光源。每两间（7.2米长）安装光源一盏（如日光灯、农艺钠灯、电钨灯等）进行人工补光，遇到连续阴雪寡照天气，开放人工光源补光。

⑦临时生火加温。无条件架设电灯的温室，可用火炉升温（每5间一个），但必须在火炉上设置排烟装置，使烟气排出室外，防止人员、作物发生毒害。

4. 灾后管理及补救措施

（1）轻度受害植株的管理 天转晴后，要徐徐放风，对使受冻棚内温度缓慢上升，避免温度急骤上升使受冻组织坏死。阴雪过后天气骤晴时，要密切注视植株状态的变化，一旦叶片有萎蔫迹象，应立即用花帘遮盖，直至叶片恢复正常为止。如萎蔫严重时，可间歇性向叶片正反面喷水，待植株逐渐适应后再转入正常管理，以防闪苗。

受冻后的上午，当天气放晴温度迅速回升时，用喷雾器对受害植株喷水，抑制受冻组织脱水萎蔫干枯，促进组织吸水恢复。较高的植株整枝落蔓，降低植株高度。受冻蔬菜缓苗后，应防止再次受冻，适量追施速效肥料，弥补养分不足。

低温高湿有利多种病害侵入，如灰霉病、晚疫病、叶霉病、霜霉病等。多数病害因低温延长了潜育期，尚未造成严重危害，但天气好转后，因病害侵入点多，上述病害会迅速进入流行期，必须加

强调查监测，及时开展防治，避免冻（寒）害后因病害严重发生而使温室蔬菜生产雪上加霜。

（2）重度受害植株的管理　对重度受害棚，除采取上述措施外，在植株行间间种、补种催芽直播黄瓜、乳黄瓜、西葫芦等果菜类蔬菜。

（3）严重受害植株的管理　对冻害比较严重、植株恢复生长无望的温棚，及时清理死亡植株，及早做好育苗再植或催芽直播准备，待低温过后迅速定植或补种。育苗期间可在棚内抢种一茬生育期较短的叶菜类，如油菜、早熟萝卜等。

（六）肥害

1. 过多或不均衡如

如西瓜裂蔓并冒出淡黄色液体，若没发现病斑则是由氮、磷、钾供应不均导致的。若氮肥过多，西瓜不易坐果。

2. 缺素

①茄果类缺钙易得脐腐病。②玉米缺锌易形成花白苗。③豆类缺钼根瘤发育差。

总之，植物病害多而复杂，很多病害相似，只有室内检验和田间观察相结合，才能准确无误。

四、传播方式与环境条件

蔬菜病害主要通过空气、水、土壤、其他生物（如昆虫、线虫、人等）及种子传播。有的病害是通过某一种途径传播的，而有的病害则是通过多种途径复合传播的。

蔬菜生长的环境中有生物因素，也有非生物因素。生物因素主要是指生长环境中的其他生物如微生物、昆虫、其他的植物及人类；非生物因素主要包括温度、湿度、风雨、光照、各种有机和无机物等。对蔬菜病害的发生与流行产生影响的环境条件，主要包括气候、土壤、生物和农业耕作方式。

引起病害流行的因素一般是由三个方面构成（图 1-3）：①寄主植物（蔬菜）。大面积高密度栽培造成寄主植物易感染病害。②病原物。病原物致病性强，且病原物数量大。③环境条件。环境条件有利于病原物的侵染、繁殖、传播和生存。

当这三者均有利于病害发生时，病害就会大面积发生和流行。

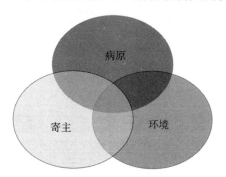

图 1-3　病害流行的三个因素

生理性病害不会大规模流行，但是往往会引起其他侵染性病害的发生和流行。因为生理性病害发生后，植株本身抵御不良环境的能力下降，而有利于病原物的侵入。

生理性病害的发生往往由以下几个方面的原因引起：①土壤中缺少某种元素或某种元素含量过多引起中毒，如缺素症、肥害。②水分过多或过少。③温度、光照失调。④农药的药害。⑤环境污染。

五、蔬菜病害的防治策略

必须坚持"以防为主、综合防治"的原则。采取以抗病品种和培育无病壮苗为基础，综合运用栽培防治、生态防治、物理防治及化学防治等技术为手段（图 1-4）。倡导菜农采用健身栽培法，提高蔬菜的自身抗病能力；准确、合理、适量运用高效安全的化学及生物农药进行防治。

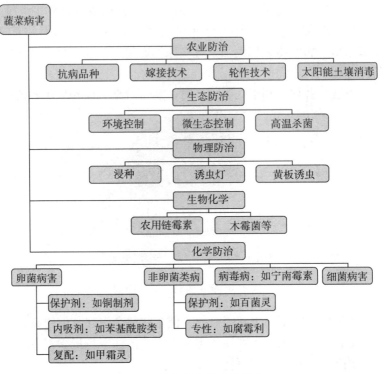

图 1-4　蔬菜病害的防治策略

　　根据现阶段蔬菜生产上病害的发生特点，以及生产上多以化学农药防治为主，绿色防控措施应用较少，且普遍重治轻防的现状，提出适合各地蔬菜病害无公害控制策略。

1. 农业防治方法

　　①推广和采用保护地专用多抗新品种。我国目前已培育出不少的抗病性品种，高抗枯萎病、霜霉病的黄瓜品种，抗根结线虫、抗叶霉病、抗疫病的番茄品种，抗黄萎病的茄子品种，高抗疫病的辣椒品种，都已经在生产中投入应用。这些品种兼具耐低温、弱光等优点，在生产中可作为优先推广品种。

　　②推广换根嫁接技术。在黄瓜、西瓜、甜瓜、茄子、番茄种植上，要加大推广抗病砧木及嫁接技术的力度，达到控病增产目的。

③推广合理轮作技术。与葱茬和蒜茬轮作能够减轻果菜类真菌、细菌和线虫病害。如部分地区推广冬春茬蔬菜与大葱或生姜轮作方式，明显减轻了枯萎病等土传病害的发生。种植短季速生性蔬菜如菠菜、小白菜等，收获时根内的线虫被带出土壤，减少下茬线虫基数，为防止病害发生起到了良好作用。

④应用太阳能（生物能）或石灰氮土壤消毒技术作好土壤消毒。太阳能（生物能）土壤消毒技术是在棚室中，夏季高温休闲季节利用太阳能高温闷棚，使棚内土壤 20 厘米温度达到 45℃ 以上，维持 10～15 天。每亩投入秸秆 1 000 千克，粉碎 3～5 厘米规格；鸡粪等有机质肥料 1 000 千克，混合耕作层；密闭覆膜，保水 3～7 天，进行土壤消毒。

石灰氮土壤消毒技术：6 月下旬至 7 月下旬，在前茬作物拔秧后，随即每亩均匀撒施石灰氮（氰氨化钙，通用名土壤净化剂）80～100 千克，混入适量（500 千克以上，粉碎 3～5 厘米）的秸秆，翻入土壤中，灌透水并保持 3 天，地表覆膜密闭熏蒸。对棚室进行高温闷棚，要求 20 厘米土层温度达 40℃ 以上，维持 15 天左右。经过土壤消毒处理，土壤中的残存的真菌、细菌、根结线虫等病原菌可杀死 90% 以上，能有效控制土传病害或其他病害的发生。

2. 生态防治方法

①环境的调控措施。采用双垄覆膜、膜下滴灌的栽培方式，可降低棚内空气相对湿度 10%～15%，能有效减轻高湿病害如灰霉病、霜霉病、角斑病病原菌的繁殖，并且地膜覆盖可有效阻止土壤中灰霉病菌、菌核病病原菌等的传播（黑色地膜效果尤佳）。当低温来临时，采用夜间短时加温的方法使棚内最低温度在 12℃ 以上控制夜露，均可抑制病害发生发展。

②高温高湿灭菌技术。据报道，在黄瓜棚内相对湿度 80% 以上、气温 45～50℃ 维持闷棚 1.5～2 小时（闭棚之前需将黄瓜顶端朝下放置），可杀灭大部分的霜霉病菌、黑星病菌，控制病害的发展；如果一次闷棚未完全杀灭病菌，可以在第二天午间再次

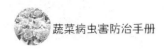

闷棚。

③叶面微生态调控措施。霜霉病、黑星病、灰霉病、细菌性角斑病等病害的发生流行与叶面结露密切相关。在棚室中通过覆膜和滴灌浇水、放风、控温湿，使叶面结露时间不超过 4 小时，可以抑制病菌的侵染。侵染棚室蔬菜的大部分真菌均喜酸性，通过喷施一定的化学试剂可以改变寄生表面的微环境，从而抑制病原菌的生长和侵染。

3. 物理防治方法

（1）温烫浸种。蔬菜种子一般用 50～60℃温水浸 5～15 分钟，浸种时应不断搅拌，使种子受热均匀。

（2）诱虫灯和黄板诱蚜。

4. 生物农药应用

①灰霉病、菌核病等防治。可选用木霉菌"特立克"、武夷菌素、多抗霉素。

②白粉病、叶霉病、炭疽病、灰霉病、菌核病、霜霉病等防治。可选用多菌合剂、"宁盾"B 型、长川霉素。

③枯萎病、黄萎病、辣（甜）椒疫病等防治。可选用多菌合剂"宁盾"A 型、申嗪霉素。

④霜霉病、晚疫病防治。可选用多效霉素、多抗霉素。

⑤细菌性病害防治。可选用农用链霉素、新植霉素。

⑥根结线虫等防治。可选用蜡质芽孢杆菌"线灭"、多菌合剂"宁盾"A 型、厚孢轮枝菌、阿维菌素。

5. 化学防治方法

使用化学方法防治病害，宜选择两种以上农药，交替使用延缓产生抗药性。依据食品安全国家标准《食品中农药最大残留限量》（GB 2763—2016），开展化学农药田间应用。根据不同类群病原物选择有效的杀菌剂：

（1）防治卵菌类病害杀菌剂

①保护剂。75％百菌清可湿性粉剂、70％代森锰锌可湿性粉剂、铜制剂等单剂。

②内吸剂。72.2％霜霉威水剂、25％甲霜灵可湿性粉剂、80％乙膦铝可湿性粉剂；烯酰吗啉、氟吗啉、噁霜灵、苯霜灵、霜脲氰。

③复配剂。72％霜脲锰锌可湿性粉剂、58％甲霜灵锰锌可湿性粉剂。

（2）防治非卵菌类病害杀菌剂

①保护剂。75％百菌清可湿性粉剂、50％福美双可湿性粉剂。

②专性杀菌剂。70％甲基硫菌灵可湿性粉剂、50％腐霉利可湿性粉剂、25％咪鲜胺乳油、10％苯醚甲环唑水分颗粒剂。

（3）防治细菌性病害的常用药剂

①铜制剂。77％可杀得可湿性粉剂、30％琥珀肥酸铜可湿性粉剂、47％春雷·王铜可湿性粉剂等。

②农用抗菌素。72％农用链霉素可溶性粉剂、新植霉素等。

③多菌合剂。"宁盾"A型可预防青枯病、软腐病。

（4）病毒病常用的抗病毒制剂。宁南霉素水剂、20％病毒A、5％菌毒清水剂、1.5％植病灵乳剂、1％菇多糖水剂病毒抑制剂芸苔素内酯（云大120）。

六、蔬菜病害防治常用农药

在生产实践中遇到蔬菜发病时，先诊断确定病害种类名称，进一步查阅相关资料，再确定解决方案。

（一）叶菜类病害常用农药

1. 白菜类病害常用农药　见表1-2。

表1-2　白菜类病害常用农药

病害名称	常用农药
霜霉病	甲霜灵锰锌、霜脲锰锌、醚菌酯
黑斑病	苯醚甲环唑、戊唑醇、咪鲜胺
白斑病	丙环唑、咪鲜胺、苯醚甲环唑

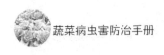

（续）

病害名称	常用农药
炭疽病	吡唑醚菌酯、咪鲜胺、苯醚甲环唑
白锈病	甲霜灵、甲霜灵锰锌、霜霉威
白粉病	己唑醇、武夷菌素、醚菌酯、戊唑醇
菌核病	甲基立枯磷、乙烯菌核利、异菌脲
灰霉病	嘧霉胺、异菌脲、乙烯菌核利
根肿病	氟啶胺
黑腐病	噻菌酮、氯溴异氰尿酸、农用硫酸链霉素
软腐病	农用硫酸链霉素、噻菌酮、多菌合剂"宁盾"A型
病毒病	菇类蛋白多糖、盐酸吗啉胍·锌、宁南霉素
褐斑病	吡唑醚菌酯、苯醚甲环唑、甲基硫菌灵
萎蔫病	甲基硫菌灵、多菌合剂"宁盾"A型
细菌性角斑病	农用硫酸链霉素、噻菌酮、中生菌素
细菌性叶斑病	农用硫酸链霉素、噻菌酮、中生菌素

2. 甘蓝病害常用农药　见表1-3。

表1-3　甘蓝类病害常用农药

病害名称	常用农药
霜霉病	霜霉威、甲霜灵·锰锌、霜脲锰锌
黑根病	扑海因、甲基立枯磷
灰霉病	嘧霉胺、异菌脲、乙烯菌核利
黑斑病	代森锰锌、异菌脲、速克灵、百菌清
菌核病	嘧霉胺、速克灵、异菌脲、嘧菌酯、菌核净
黑胫病	苯醚甲环唑、甲基硫菌灵、百菌清
黑腐病	噻菌酮、中生菌素、农用硫酸链霉素
软腐病	农用硫酸链霉素、噻菌酮、多菌合剂"宁盾"A型
细菌性黑斑病	噻菌酮、中生菌素、农用硫酸链霉素

3. 菠菜病害常用农药 见表1-4。

表1-4 菠菜病害常用农药

病害名称	常用农药
霜霉病	霜霉威、甲霜灵·锰锌
炭疽病	咪鲜胺、甲基硫菌灵
斑点病	甲基硫菌灵、苯醚甲环唑

4. 芹菜病害常用农药 见表1-5。

表1-5 芹菜病害常用农药

病害名称	常用农药
叶斑病	苯醚甲环唑、百菌清、可杀得、甲霜灵·锰锌
斑枯病	百菌清、霜霉威、甲霜灵·锰锌
菌核病	嘧霉胺、速克灵、异菌脲、嘧菌酯、菌核净
假黑斑病	嘧菌酯、异菌脲、百菌清、甲霜灵·锰锌
黑腐病	百菌清、可杀得、甲霜灵·锰锌
软腐病	噻菌酮、中生菌素、农用硫酸链霉素、多菌合剂"宁盾"A型

5. 莴苣病害常用农药 见表1-6。

表1-6 莴苣病害常用农药

病害名称	常用农药
霜霉病	霜霉威、甲霜灵·锰锌
褐斑病	苯醚甲环唑、咪鲜胺、甲基硫菌灵、异菌脲
黑斑病	苯醚甲环唑、百菌清、异菌脲
茎腐病	农用硫酸链霉素、噻菌酮、中生菌素
灰霉病	嘧霉胺、异菌脲、乙烯菌核利
菌核病	嘧菌酯、菌核净、嘧霉胺
病毒病	菇类蛋白多糖、盐酸吗啉胍·锌、宁南霉素

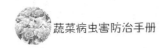

（二）茄果类病害常用农药

1. 苗期病害常用农药　见表1-7。

表1-7　苗期病害常用农药

病害名称	常用农药
猝倒病	霜霉威、噁霉灵、多菌合剂"宁盾"A型
立枯病	甲基立枯灵、嘧菌酯、多菌合剂"宁盾"A型

2. 番茄病害常用农药　见表1-8。

表1-8　番茄病害常用农药

病害名称	常用农药
早疫病	代森锰锌、苯醚甲环唑、咪鲜胺
晚疫病	甲霜灵锰锌、霜霉威、霜脲锰锌、醚菌酯
叶霉病	啶酰菌胺、嘧菌酯、农抗120、甲基硫菌灵
灰霉病	啶酰菌胺、异菌脲、多抗霉素、多效霉素
黄萎病	嘧菌酯、农抗120、水合霉素、多菌合剂"宁盾"A型
枯萎病	嘧霉胺、噁霉灵、农抗120、甲基硫菌灵、多菌合剂"宁盾"A型
疫霉根腐病	甲霜灵·锰锌、霜霉威
炭疽病	咪鲜胺、百菌清、苯醚甲环唑
煤霉病	甲基硫菌灵、苯醚甲环唑
病毒病	菇蛋白多糖；宁南霉素
根结线虫病	阿维菌素、蜡质芽孢杆菌"线灭"、多菌合剂"宁盾"A型
疮痂病	新植霉素、中生菌素、农用链霉素

3. 茄子病害常用药剂　见表1-9。

表1-9　茄子病害常用农药

病害名称	常用农药
褐纹病	苯醚甲环唑、甲基硫菌灵、戊唑醇

（续）

病害名称	常用农药
炭疽病	甲基硫菌灵、咪鲜胺、苯醚甲环唑
灰霉病	嘧霉胺、速克灵、异菌脲、甲基硫菌灵
黄萎病	嘧菌酯、农抗120、水合霉素、多菌合剂"宁盾"A型
枯萎病	嘧霉胺、噁霉灵、嘧菌酯、甲基硫菌灵、多菌合剂"宁盾"A型
绵疫病	百菌清、甲霜灵锰锌、霜霉威
根腐病	异菌脲、噁霉灵
菌核病	甲基硫菌灵、嘧菌酯、菌核净、嘧霉胺
白粉病	戊唑醇、苯醚甲环唑、甲基硫菌灵

4. 辣椒病害常用农药　见表1-10。

表1-10　辣椒病害常用农药

病害名称	常用农药
疫病	霜脲锰锌、甲霜灵锰锌、百菌清、霜霉威、多菌合剂"宁盾"A型
炭疽病	咪鲜胺、苯醚甲环唑、百菌清
灰霉病	嘧霉胺、速克灵、百菌清、异菌脲
枯萎病	嘧霉胺、噁霉灵、农抗120、多菌合剂"宁盾"A型
菌核病	甲基硫菌灵、嘧菌酯、菌核净、嘧霉胺
病毒病	菇蛋白多糖、宁南霉素
疮痂病	噻菌酮、农用链霉素、DT粉剂、可杀得、冠菌清
白星病	苯醚甲环唑、代森锰锌、百菌清

（三）豆类病害常用农药

1. 菜豆病害常用农药　见表1-11。

表1-11　菜豆病害常用农药

病害名称	常用农药
根腐病	甲基硫菌灵、异菌脲、噁霉灵

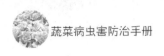

（续）

病害名称	常用农药
枯萎病	嘧霉胺、噁霉灵、嘧菌酯、甲基硫菌灵
菌核病	嘧菌酯、乙烯菌核利、速克灵、异菌脲
白绢病	嘧菌酯、甲基硫菌灵、三唑酮
锈病	苯醚甲环唑、三唑酮、百菌清
炭疽病	苯醚甲环唑、咪鲜胺
灰霉病	嘧霉胺、速克灵、异菌脲、
黑斑病	苯醚甲环唑、咪鲜胺、代森锰锌、嘧菌酯
轮纹病	苯醚甲环唑、咪鲜胺、代森锰锌、百菌清
细菌性晕疫病	农用链霉素、可杀得、噻菌酮、中生菌素
角斑病	农用链霉素、可杀得、噻菌酮、中生菌素

2. 豇豆病害常用农药　见表 1-12。

表 1-12　豇豆病害常用农药

病害名称	常用农药
白粉病	苯醚甲环唑、戊唑醇、己唑醇
炭疽病	苯醚甲环唑、咪鲜胺
轮纹病	苯醚甲环唑、咪鲜胺、甲基硫菌灵
锈病	三唑酮、丙环唑、己唑醇
煤霉病	苯醚甲环唑、咪鲜胺、甲基硫菌灵
枯萎病	嘧霉胺、噁霉灵、嘧菌酯、甲基硫菌灵、多菌合剂"宁盾"A 型
疫病	霜霉威、甲霜灵锰锌

3. 豌豆病害常用农药　见表 1-13。

表 1-13　豌豆病害常用农药

病害名称	常用农药
褐斑病	苯醚甲环唑、咪鲜胺、甲基硫菌灵
白粉病	苯醚甲环唑、戊唑醇、己唑醇
根腐病	嘧菌酯、甲基硫菌灵、噁霉灵

（四）瓜类病害常用农药

1. 黄瓜病害常用农药　见表 1-14。

表 1-14　黄瓜病害常用农药

病害名称	常用农药
猝倒病	甲霜灵、霜霉威、噁霉灵
立枯病	甲基立枯磷、噁霉灵、嘧霉胺
灰霉病	嘧霉胺、速克灵、异菌脲、嘧菌酯
霜霉病	霜霉威、武夷菌素、甲霜灵锰锌
炭疽病	苯醚甲环唑、咪鲜胺
菌核病	嘧霉胺、嘧菌酯、异菌脲、百菌清
细菌性角斑病	噻菌酮、琥珀酸铜、可杀得、农用链霉素
根结线虫病	阿维菌素、蜡质芽孢杆菌"线灭"、多菌合剂"宁盾"A 型
枯萎病（蔓割病）	嘧霉胺、噁霉灵、嘧菌酯、甲基硫菌灵
黑星病	武夷菌素（Bo-10）、百菌清、咪鲜胺

2. 西葫芦病害常用农药　见表 1-15。

表 1-15　西葫芦病害常用农药

病害名称	常用农药
白粉病	苯醚甲环唑、咪鲜胺、己唑醇
黑星病	武夷菌素（Bo-10）、苯醚甲环唑、咪鲜胺
绵腐病	甲霜灵、霜霉威
灰霉病	嘧霉胺、速克灵、嘧菌酯、嘧菌环胺
菌核病	嘧霉胺、嘧菌酯、异菌脲、百菌清
病毒病	菇蛋白多糖；宁南霉素

3. 丝瓜病害常用农药　见表 1-16。

表 1-16　丝瓜病害常用农药

病害名称	常用农药
蔓枯病	甲基硫菌灵、苯醚甲环唑、咪鲜胺
霜霉病	霜霉威、武夷菌素、甲霜灵锰锌

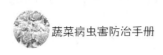

(续)

病害名称	常用农药
炭疽病	苯醚甲环唑、咪鲜胺
褐斑病	苯醚甲环唑、咪鲜胺、甲基硫菌灵
病毒病	菇蛋白多糖；宁南霉素
疫病	霜霉威、甲霜灵·锰锌、多菌合剂"宁盾"A型

(五)根菜类病害常用农药

1. 萝卜病害常用农药　见表1-17。

表1-17　萝卜病害常用农药

病害名称	常用农药
霜霉病	霜霉威、甲霜灵·锰锌、霜脲·锰锌
黑斑病	苯醚甲环唑、戊唑醇、咪鲜胺
白斑病	苯醚甲环唑、戊唑醇、咪鲜胺
白锈病	甲霜灵、甲霜灵锰锌、霜霉威
炭疽病	苯醚甲环唑、戊唑醇、咪鲜胺
黑腐病	噻菌酮、氯溴异氰尿酸、农用链霉素
软腐病	噻菌酮、氯溴异氰尿酸、农用链霉素
根肿病	氟啶胺
病毒病	菇类蛋白多糖、盐酸吗啉胍·锌

2. 胡萝卜病害常用农药　见表1-18。

表1-18　胡萝卜病害常用农药

病害名称	常用农药
黑斑病	苯醚甲环唑、代森锰锌、异菌脲、醚菌酯
黑腐病	苯醚甲环唑、代森锰锌、异菌脲、醚菌酯
细菌性软腐病	农用链霉素、噻菌酮、氯溴异氰尿酸
菌核病	嘧霉胺、速克灵、异菌脲、嘧菌酯
斑点病	代森锰锌、异菌脲、甲霜灵·锰锌、百菌清

（六）葱蒜类病害常用农药

1. 大葱、洋葱病害常用农药　见表1-19。

表1-19　大葱、洋葱病害常用农药

病害名称	常用农药
霜霉病	霜霉威、甲霜灵·锰锌、甲霜灵
紫斑病（黑斑病）	苯醚甲环唑、吡唑醚菌酯、嘧菌酯
灰霉病	嘧霉胺、速克灵、嘧菌酯、嘧菌环胺
小菌核病	异菌脲、菌核净、嘧霉胺、嘧菌酯
锈病	三唑酮、苯醚甲环唑、丙环唑
软腐病	农用链霉素、噻菌酮、多菌合剂"宁盾"A型

2. 韭菜病害常用农药　见表1-20。

表1-20　韭菜病害常用农药

病害名称	常用农药
灰霉病	嘧霉胺、嘧菌酯、异菌脲、武夷菌素
疫病	甲霜灵·锰锌、霜脲锰锌、霜霉威、多菌合剂"宁盾"A型
菌核病	嘧霉胺、嘧菌酯、武夷菌素、菌核净
锈病	苯醚甲环唑、丙环唑

3. 大蒜病害常用农药　见表1-21。

表1-21　大蒜病害常用农药

病害名称	常用农药
叶枯病	吡唑醚菌酯、苯醚甲环唑、百菌清、嘧菌酯
紫斑病	醚菌酯、嘧菌酯、甲基硫菌灵、苯醚甲环唑
菌核病	嘧霉胺、嘧菌酯、嘧菌环胺、啶酰菌胺
锈病	三唑酮、丙环唑
细菌性软腐病	噻菌灵、农用链霉素、枯草芽孢杆菌
细菌性根腐病	噻菌灵、枯草芽孢杆菌、农用链霉素、多菌合剂"宁盾"A型
花叶病	菇类蛋白多糖、盐酸吗啉胍·锌、宁南霉素

七、病害与农药的对应关系

病害与农药的对应关系见表1-22。

表1-22　病害与农药的对应关系

病害类别	农药名称	备注	安全间隔期（天）	单季使用次数
各类作物白粉病	醚菌酯	易产生抗药性，应与其他药剂交替使用	7~10	3
	烟酰胺	始发期用药	7~2	2
	乙嘧酚	始发期用药	7	2
	苯醚甲环唑	控制使用量，不能任意加大用药量	7~10	2~3
	氟硅唑	幼弱植株用8 000倍液	7~10	2
	三唑酮	发病初期用药，草莓对该药敏感	7	2
	吡唑醚菌酯	发病初期用药	7~14	4
	四氟醚唑	对醚菌酯产生抗药性的地区用此药较好或与醚菌酯交替使用，以延缓抗药性的产生	10~14	1
	丙森锌	适合吊瓜等瓜类作物上使用	7~10	4~5
	腐·己唑醇		10	2
	烯唑醇	在病害初发时使用，隔5~7天喷一次	7	3
	氟菌唑		1	2
各类作物霜霉病	甲霜灵	在病害初发时使用，隔5~7天喷1次，根据天气与病情发展用2~3次	7	2
	霜脲·锰锌		7	3
	噁唑菌酮·霜脲氰		7	2
	代森联		4	3
	代森锰锌		15	2
	烯酰·铜		7~14	2
	吡唑醚菌酯	具有治疗与保护双重作用	7~14	3~4
	烯酰吗啉		7	2

（续）

病害类别	农药名称	备注	安全间隔期（天）	单季使用次数
各类作物灰霉病菌核病	腐霉利	在病害发生初期使用，注意轮换用药。（蔬菜幼苗对腐霉利敏感）	3	1
	嘧菌环胺		7	2
	嘧霉胺	发病初期用药	5	2
	乙烯菌核利		4	2
	烟酰胺		7	2
各类作物炭疽病	咪鲜胺	在病害发生初期使用。注意轮换用药	7	2
	多·福美双		7	2
	甲基硫菌灵		5	2
	代森联	预防效果佳，用药要早	4	3
	吡唑醚菌酯	具有治疗与保护双重作用	7～14	3～4
	苯醚甲环唑	登记为炭疽病防治药剂（使用时要控制浓度，不能超量使用）	7	2～3
瓜类作物枯萎病	氢氧化铜	灌根	5	3
	络氨铜·锌	在田间零星发病时，用枯菌克兑水后浇根，每穴浇灌200毫升	7	2
	丙烷脒	在田间零星发病时，用枯菌克兑水后浇根，每穴浇灌200毫升	7	2
瓜类与茄果类立枯病和猝倒病	霜霉威	发病初期用药	7～14	2～3
	霜脲·锰锌		7	3
	精甲霜灵·锰锌		3	3
	代森锰锌		15	2
	多菌灵·福美双		8～10	2

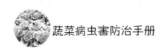

（续）

病害类别	农药名称	备注	安全间隔期（天）	单季使用次数
番茄与茄子早疫病	乙烯菌核利	发病初期用药	5	2
	代森联		4	3
	异菌脲		10	1
	代森锰锌·碱式硫酸铜		10	3
	代森锌		15	3
西瓜枯萎病	霜霉威	在病害发生初期使用，注意轮换用药	7～14	2～3
	苯醚甲环唑	要控制使用浓度，浓度过高易产生药害	7	2～3
	甲基硫菌灵		7	2～3
	多菌合剂"宁盾"A型		0	1～2
番茄叶霉病	代森联	发病初期用药	4	3
	异菌脲		10	1
	氟硅唑		21	2
番茄晚疫病	代森联	发病初期用药	4	3
	霜脲腈·锰锌		7	3
	精甲霜灵·锰锌		3	3
	霜霉威盐酸盐		7	2
	噁霜·锰锌		3	3
莲藕腐败病	噻菌灵	地下部分亩用20～30千克干土拌匀撒入，地上部分喷雾防治	10	1
	丙环唑	地上部分喷雾防治（大多数蔬菜对丙环唑敏感）	7	2
	多菌灵	地上部分喷雾防治	5	2

（续）

病害类别	农药名称	备注	安全间隔期（天）	单季使用次数
白菜类软腐病和黑腐病	宁南霉素	发病初期喷淋或灌根	7～10	1～2
	噻菌酮	发病初期喷淋或灌根	10	3～4
	链霉素	发病初期灌根	7	3
	中生霉素	发病初期灌根	5	3
	多菌合剂"宁盾"A型	移栽/播种当天灌根/浇灌	0	1～2
各类蔬菜病毒病	吗啉胍·乙铜	结合防治半翅目害虫预防。在发病初期，用20%康润1号与0.04%芸薹素内酯合用，可大幅度提高病毒病的防治效果	7	4
	吗啉胍·羟烯	发病初期使用，可结合喷施叶面肥	7～10	1～2
	宁南霉素		7	2
根结线虫病	阿维菌素	浇根防治	7	1
	辛硫磷	沟施防治。拌土行侧开沟施药或撒施，然后覆土，防止药剂直接接触根部。瓜类、豆类对辛硫磷敏感	17	1
	蜡质芽孢杆菌"线灭"/多菌合剂"宁盾"A型	移栽当天灌根	0	1～2

第二章

蔬菜病害的防治

一、叶菜类蔬菜病害

(一) 大白菜霜霉病

霜霉病是大白菜常发性病害。

1. 症状

此病主要为害叶片，从外部叶片开始侵染。发病初期在叶片上产生深黄色斑点，逐渐变成黄白色不规则形坏死病斑，病斑大小不一，叶背面病斑表面长出白色霜状霉层。随病情发展，多个病斑相互连接形成不规则形大斑，终致叶片坏死干枯（彩图8）。

2. 发病规律

该病由真菌引起，从定苗到收获期均可发病。病菌在病残体、土壤中或附着在种子表皮上越冬，也可在其他寄主上为害过冬，借风雨、气流传播。连阴雨天、空气湿度高、结露时间长，病害发生严重。不同品种间抗性差异较明显。

3. 防治方法

（1）农业防治　①选用抗病品种。如北京新3号等。②收获后彻底清除病残落叶。③非十字花科蔬菜轮作。如番茄、菜豆。

（2）化学防治　发病初期选用64%噁霜·锰锌可湿性粉剂600～800倍液、72%霜脲·锰锌600～800倍液喷雾；中后期配合50%烯酰吗啉可湿性粉剂1 500倍液、25%吡唑嘧菌酯乳油2 000倍液进行叶面喷施，重点喷在叶片背面白色霉层，每7天喷1次，连喷3～4次。

（二）大白菜软腐病

大白菜软腐病又叫"烂疙瘩"，该病是一种毁灭性细菌病害，如防治不力、措施不当，极易带来大的经济损失。

1. 症状

白菜在包心期开始发病，病株由叶柄基部开始发病，病部初为水浸半透明状，后扩大为淡灰褐色湿腐，病组织黏滑，失水后表面下陷，常溢出污白色菌脓，并有恶臭。有时引起髓部腐烂（彩图9）。发病初期，病株外叶在烈日下下垂萎蔫，而早晚可以复原，后渐不能恢复原状，病株外叶平贴地面，叶球外露。也有的从外部叶片叶缘或叶球上开始腐烂，病叶干燥后成薄纸状。病株易被脚踢倒。大白菜贮存期间，病害继续发展，造成烂窖。

2. 发病规律

病原菌在带菌的病残体、土壤、未腐熟的农家肥以及越季的病株等载体上越冬，成为重要的初侵染菌源，并可在不同的寄主之间辗转为害。病原菌可通过雨水、灌溉水、肥料、土壤、昆虫等多种途径传播，多从植株的伤口或自然裂口侵入。根据调查结果表明：因害虫体内外可携带病原菌，害虫取食叶片造成大量伤口，成为该病病原菌侵入的重要通道，故害虫发生严重的田块，软腐病发生的可能性较大，如发病速度也较快；高温多雨、有利于病原菌繁殖与传播蔓延，大白菜包心后久旱遇雨，有利于软腐病的发生，且发病也较重；田间长期积水、土壤含水量高的田块，发病也较重。

3. 防治方法

（1）农业防治　①选用抗病耐病品种。一般选用愈伤能力强、高筒型、直立型、青帮型的品种，如北京新3号、晋菜3号、太原二青等。②苗期开始防治食叶及钻蛀性害虫，如菜青虫、甘蓝夜蛾、甜菜夜蛾、小菜蛾、菜螟、根蛆、黄条跳甲等；此外，病毒病、霜霉病、黑腐病等病害都可能加重软腐病的为害。因此，做好这些病虫害的防治，有利于控制软腐病流行。③控制病原菌扩散。发现病株后及时挖除，在病穴内撒石灰进行消毒。

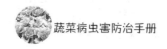

（2）化学防治　抓住关键时期，适时施用农药。①种子处理。用72％的农用链霉素按种子量1％拌种。②白菜四叶期"拉十字"时用药防治。③白菜团心期及时用药控制。

药剂可用72％的农用链霉素可溶性粉剂3 000倍液、45％代森铵水剂600倍液、77％可杀得可湿性粉剂800倍液进行喷雾。药剂要交替使用，隔7～10天喷1次，连喷2～3次。喷药要周到，除全田喷药外，还应重点喷到近地面的叶柄和茎基部、根基部，每棵约喷药100克，使药液流入菜心和渗入白菜根部土壤内。播种和移栽当天浇灌微生物菌剂"宁盾"A型稀释液可预防此病。

（三）白菜类炭疽病

1. 症状

主要为害叶片、叶柄、叶脉，有时也侵害花梗和种荚。叶片上病斑细小、圆形，直径1～2毫米，初为苍白色水浸状小点，后扩大呈灰褐色，稍凹陷，周围有褐色边缘，微隆起。后期病斑中央部褪成灰白至白色，极薄，半透明，易穿孔（彩图10）。在叶脉、叶柄和茎上的病斑，多为长椭圆形或纺锤形，淡褐色至灰褐色，凹陷较深。严重时，病斑连合，叶片枯黄。潮湿时，病斑上产生淡红色黏质物。

2. 发病规律

炭疽病病菌主要以菌丝体在病残体内或以分生孢子黏附在种子表面越冬。越冬菌源借风雨传播，有多次再侵染。高温多雨、湿度大、早播有利于病害发生。白帮品种较青帮品种发病重。

3. 防治方法

发病初期可用25％咪鲜胺乳油1 000倍液、10％苯醚甲环唑水分散粒剂1 000倍液喷防。交替应用，每5～7天1次，连喷3～4次。

（四）芹菜斑枯病

芹菜斑枯病又叫晚疫病、叶斑病，俗称"火龙"，是保护地芹菜生产上一种常见病害，对芹菜的产量和质量都有很大的影响。

1. 症状

主要为害叶片，其次是叶柄和茎。老叶先发病，从外向里。病斑初为淡褐色油浸状的小斑点，边缘明显，以后发展为不规则斑，颜色由浅黄变为灰白色，边缘深红褐色，且聚生很多小黑粒，病斑外常有一圈黄色的晕环。叶柄、茎部病斑褐色，长圆形稍凹陷，中间散生黑色小点，严重时叶枯茎烂（彩图11）。

2. 发病规律

芹菜斑枯病为一种真菌性病害，低温高湿有利于该病的发生，该病在温度20～25℃、湿度为95％以上适宜发生，在连阴天，气温波动频繁或日间燥热，夜间结露，植株生势弱，灌水较多，通风排湿不及时常可导致病害的迅速扩大和蔓延。

3. 防治方法

（1）农业防治 ①平衡施肥。底肥要施用充分腐熟的有机肥，追肥中要增施磷钾肥，控制氮肥的用量，尽量再喷施一些叶面肥和微肥，增强植株的抗性。②降温排湿。白天温度控制在15～20℃，超过20℃时要及时放风，夜间控制在10～15℃，缩小昼夜温差，减少结露，切勿大水漫灌。③及时清除病株。对于已经发病的棚室，要及时清除室内的病株残体，减少菌源的扩散和蔓延。

（2）化学防治 用45％的百菌清烟剂或扑海因烟剂熏棚，每亩150克分散5～6处点燃，熏蒸1夜，每10天左右一次。在发病初期喷70％代森锰锌可湿性粉剂500倍液，或10％苯醚甲环唑1 500倍液，每7～10天一次，连续喷2～3次有很好地预防和治疗效果。

（五）莴苣菌核病

莴苣菌核病是莴苣的一种重要病害，还为害番茄、黄瓜等蔬菜。

1. 症状

主要发生在茎基部，呈褐色溃烂状，湿度大时，病部表面密生

棉絮状白色菌丝体，以后形成菌核。菌核由白色逐渐变成鼠粪状黑色颗粒物。病株叶片凋萎，最终使全株枯死（彩图12）。

2. 传播途径

莴苣菌核病是一种真菌性病害。菌核在土壤中或混在种子中越冬，是来年的初侵染源；菌核还可以随种子远距离传播。菌核萌发后产生子囊盘，借风和灌水传播。温度20℃左右，相对湿度在85％以上有利于发病；通风不良的大棚发病重。这是近几年来春季大棚莴苣定植初期发病重的重要原因。

3. 防治方法

（1）农业防治　①选用抗病品种。红皮圆叶的红叶莴苣品种较抗病。②带土定植。③提高地膜覆盖质量，使地膜紧贴地面，将土中的子囊盘阻断在膜下，使其不能完成发育过程，减少侵染概率。④及时拔除病株深埋，防止再侵染。

（2）化学防治　发病初期开始喷药，可选用70％甲基硫菌灵可湿性粉剂600倍液，或40％菌核净可湿性粉剂500倍液，或50％速克灵或农利灵可湿性粉剂1 000倍液，或20％甲基立枯磷乳油1 000倍液。隔7～10天喷药1次，连喷3～4次。

（六）甘蓝黑腐病

甘蓝黑腐病主要为害结球甘蓝、球茎甘蓝、抱子甘蓝等的叶片、叶球及茎部，花椰菜、萝卜发病也较重，其他十字花科蔬菜发病较轻。

1. 症状

在甘蓝、花椰菜上，黑腐病主要为害叶片，病菌由水孔侵入，多从叶缘发生，再向内延伸呈V形的黄褐色枯斑，在病斑的周围常具有黄色晕圈（彩图13）。有时病菌沿叶脉向内扩展。产生黄褐色大斑或者叶脉变黑呈网状，病菌如果从伤口侵入，可在叶片的任何部位形成不规则形的黄褐色病斑。病菌由病叶的导管（又叫维管束）发展到茎部的导管上，然后从茎部导管向上和向下扩展，引起植株萎蔫。剖开球茎可见到导管变黑色（彩图14）。天气干燥时，叶片病斑干而脆。湿度大时，病部腐烂，但没有臭味。

识别要点：叶片上产生Ⅴ形黄褐色病斑；导管（又叫维管束）变黑色；叶片腐烂时，不发生臭味，可区别于软腐病。

2. 发病规律

该病是由黑腐黄单胞杆菌（*Xanthomonas campestris*）侵染甘蓝引起的，革兰氏阴性菌。

侵染循环：病菌在种子或在病残体上或在种株上越冬。带病的种子播种后有时被害而不能出苗；有时出苗后，病菌由幼苗子叶叶缘水孔侵入，常常导致幼苗发病死亡。病残体上的病菌遗留在土壤中可存活1年以上，当病残体腐烂之后不久，病菌即死亡。

病菌通过雨水、灌溉水、昆虫、农事操作等传播。病菌从虫伤口或从叶缘的水孔侵入，先在薄壁细胞内，后进入导管，再向上向下蔓延，造成系统性侵染。种株被害后，病菌由果柄的导管侵入，再进入果荚和种脐，致使种子内部带菌；病菌也可附在种子上，造成种子外部带菌。此外，带菌的粪肥，也可传播病菌。

发病条件：①发病与温湿度的关系。病菌生长的温度范围较广，5～39℃病菌均可以生长发育，适温为25～30℃。湿度高、叶面结露或叶缘吐水、或高温多雨均有利于病菌侵入和发生发展。②发病与害虫的关系。如果害虫（如菜青虫）造成虫伤口，利于病菌侵入而发病。③发病与种子的关系。如果播种带菌的种子，则无病地变成病地，病地则病害加重。④发病与栽培的关系。病地重茬、播种过早、地势低洼、浇水过多、施带菌的粪肥，或耕作、喷药人为造成的伤口多，往往发病严重。

3. 防治方法

（1）农业防治　①合理轮作。与非十字花科蔬菜轮作2～3年。②加强栽培管理。适时播种；避免过旱过涝；及时防治害虫；减少害虫伤口，及时拔除病株，收获后清洁田园。③种子处理。用200毫升/升农用链霉素浸种30分钟，或用种子重量的0.5％的50％福美双可湿性粉剂拌种处理。

（2）化学防治　发病初期及时用药防治，可选用72％农用硫

酸链霉素可溶性粉剂或水剂 3 000 倍液，每隔 7 天左右喷 1 次，连续防治 3 次。重点喷洒病株基部及近地表处。最后一次喷药至收获严格根据有关农药安全间隔期规定进行。

二、茄果类蔬菜病害

（一）茄子黄萎病

1. 症状

茄子黄萎病俗称半边疯，是由轮枝孢菌引起的一种维管束系统土传真菌病害。有时植株半边发病半边正常，俗称半边疯（彩图 15）。该病菌一般会从茄子幼根或根部伤口侵入，在维管束内繁殖，造成植株体内养分、水分的运输障碍，导致发病。发病初期，在植株中下部个别枝的叶片上表现症状，叶片边缘和叶脉间褪绿变黄，多呈斑块，逐渐变为黄褐色。随着病情的发展，病部扩展到整个叶片，引起上卷，最后则全叶枯黄、下垂、脱落。病害逐渐由下往上，从半边向全株发展，最后整株死亡，只剩茎秆。纵剖病株根、茎部，可见维管束变成黄褐色或棕褐色（彩图 16），并可挤出灰白色的黏液。

2. 发病条件

①茄子黄萎病是土传病害。轮枝孢菌侵染导致作物黄萎，土壤带菌是病菌的主要来源。轮枝孢菌以菌丝体、厚垣孢子和拟菌核随病株残体在土壤中越冬，一般可存活 6～8 年。病菌主要从根部伤口入侵，也可从幼根皮层和根毛入侵，在植株维管束中繁殖。因此，重茬或连作栽培，土壤含菌量多，发病重。②温度条件。温度也是影响病害发生的一个重要因素。一般气温 20～25℃有利于发病。从茄子定植到开花期，日平均气温低于 15℃的日数越多，发病越早越重。气温在 28℃以上，病害受到抑制。③其他环境条件。土质黏重、盐碱地、重茬连作、偏施氮肥、生粪烧根、定植伤根、栽植过稀、中午烈日下栽苗、土壤龟裂等情况下该病发病重。特别是阴冷天浇水，易引起黄萎病暴发。

3. 防治方法

以选用抗病品种为基础，栽培措施结合药剂防治是综合防治茄子黄萎病的有效方法。

（1）农业防治 ①选用抗病品种。鲁茄1号、长茄1号、黑又亮、长野郎、冈山早茄、长茄3号等。②嫁接育苗。即用野生水茄、红茄作砧木，栽培茄作接穗，防治效果明显。③选择地势平坦、排水良好的沙壤土地。与非茄科作物轮作4年以上，其中以与葱蒜类轮作效果较好。④多施腐熟的有机肥。增施磷、钾肥，促进植株健壮生长，提高植株抗性。适时定植，要求10厘米地温稳定在15℃以上时开始定植，定植时和定植后避免浇冷水，并注意提高地温。发现病株及时拔除，收获后彻底清除田间病残体集中烧毁。⑤巧管水肥。7月中旬至8月中旬高温季节，要小水勤浇，使土壤不干不裂，减少伤根，控制发病。等茄子坐果后，追施植物生长调节剂果宝等或茄科类专用叶面肥（沃丰素）2～3次，或亩追氮肥10～15千克，使植株健壮，增强抗病力。

（2）化学防治 ①种子消毒，选用无病种子。从无病地或无病株上留种，调种时要检疫；也可进行种子处理，70%甲基硫菌灵可湿性粉剂浸种7小时，洗净后催芽。②土壤处理和喷雾。亩用25%嘧菌酯悬浮剂2 500倍液或者66.5%霜霉威盐酸盐水剂1 000倍液进行灌根，每株100～200毫升/株，或25%甲霜·霜霉威1 000倍液、25%烯肟·霜脲氰可溶性粉剂500倍液灌根300毫升/株。每隔一个月重复一次。

（3）生物防治 播种及移栽当天浇灌微生物菌剂"宁盾"A型稀释液可预防此病。

（二）番茄叶霉病

种植温室大棚番茄，通风不良容易导致大棚内的湿度过高，引起多种番茄病虫害，其中番茄叶霉病就是一种比较严重的病害。

1. 症状

番茄叶霉病在番茄的叶、茎、花、果实上都会出现症状，但是

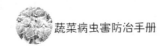

常见症状是发生在叶片上，初期在叶片背面出现一些褪绿斑（彩图17），后期变为灰色或黑紫色的不规则形霉层，叶片正面在相应的部位退绿变黄，严重时，叶片常出现干枯卷缩。

2. 发病规律

叶霉病通常从植株下部叶片向上蔓延，一般棚室温度在20～25℃，相对湿度在85％左右时易发病。连阴天光照弱、通风不良、湿度过大的环境下，叶霉病发生尤为严重。该病严重影响叶片的生理功能，能导致番茄大幅度减产。

3. 防治方法

（1）农业防治　①合理轮作。和非茄科作物进行三年以上轮作，以降低土壤中菌源基数。②选用抗病品种，严把育苗关。市场上推广的品种中高抗叶霉病的有佳粉 15、佳粉 16、佳粉 17、中杂 7 号、沈粉 3 号、佳红 15 等，可因地制宜，选用种植。③种子消毒。引进种子需要进行种子处理，采用温水浸种，利用种子与病菌耐热力的差异，选择既能杀死种子内外病菌，又不损伤种子生命力的温度进行消毒。对于温室栽培的番茄种子宜选择用 55℃温水浸种 30 分钟，以清除种子内外的病菌，取出后在冷水中冷却，用高锰酸钾浸种 30 分钟，取出种子后用清水漂洗几次，最后晒干催芽播种。④高温闷棚。选择晴天中午时间，采取约 2 小时的 30～33℃高温处理，然后及时通风降温，对病原菌有较好的控制作用。⑤加强棚室管理。及时通风，适当控制浇水，浇水后及时通风降湿；采用双垄覆膜、膜下灌水的栽培方式，除可以增加土壤湿度外，还可以明显降低温室内空气湿度，从而抑制番茄叶霉病的发生与再侵染，并且地膜覆盖可有效地阻止土壤中病菌的传播。根据温室外天气情况，通过合理放风，尽可能降低温室内湿度和叶面结露时间，对病害有一定的控制效应。及时整枝打杈、植株下部的叶片尽可能的摘除，也可增加通风。

（2）化学防治　①烟雾剂法。发病初期，每亩可选用 10％百菌清烟雾剂 350 克，或 30％百菌清烟剂 250 克，傍晚闭棚时，将药剂均匀放置后从里往外点燃，第二天及时放风排烟，每隔 10

天用一次。②喷粉法。发病初期，5％百菌清粉尘每亩1千克，每隔10～15天再防一次。③喷雾法。要在上午施药，注意向叶背喷药。发病时喷施生物制剂：2％农抗120水剂200倍液，或20％武夷菌素水剂（Bo-10）150倍液。也可选用10％苯醚甲环唑水分散剂1 000倍液、40％嘧菌酯2 000倍液、50％啶酰菌胺30克/亩等喷雾，注意7～8天再喷一次，交替用药防止产生抗性。

（三）番茄黄化曲叶病毒病

1. 症状

染病番茄植株矮化，顶部叶片黄化、变小，叶缘上卷，发病早的植株严重矮缩，不能正常开花结果（彩图18）。发病晚的仅上部叶片和新芽显症，结果小，红不透，无法食用。不同生育期表现：

（1）苗期　番茄苗期在播种后25～30天就可出现轻微感病症状，主要表现为心叶微皱缩，叶色稍偏黄，植株比正常苗稍矮小。高温季节苗期症状较明显，容易辨别，低温季节苗期症状轻微，难于辨别。

（2）生长前期　番茄苗定植后20～30天就可出现感病症状，主要表现为心叶皱缩，新叶发黄明显，叶片变窄，植株比正常株矮小，症状比较明显。

（3）开花期　一般番茄在定植后40～50天开始出现明显症状，开花期是番茄黄化曲叶病毒病发生高峰期。主要表现为植株矮化明显，生长缓慢，顶部新叶发黄、皱缩、变小，叶片背部叶脉变粗，叶片边缘上卷，也有部分叶片变厚，边缘不上卷，叶片仍保持绿色，或者有的叶片变厚，边缘不上卷，叶缘轻微发黄。染病严重植株严重矮化，无法正常坐果。

（4）结果期　感染病毒的植株进入结果期后症状加重，一般叶片明显发黄，也有部分叶片保持绿色不发黄，叶片边缘上卷严重，叶片明显增厚，叶质变硬变小，叶背部的叶脉变紫色。有些叶片变为狭窄，茎节间距显著变短，呈矮缩状。病株比正常植株明显变

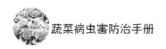

矮，一般只有50~80厘米高，无限生长类型品种一般只能坐2~3穗果；有些植株也能生长到一定高度，但坐果数量少、果实偏小，成熟期果实着色不均匀、僵硬、间有黄青色块、商品性差。

（5）生长后期　感染病毒的番茄植株，生长后期植株矮小，2~3穗果后坐果不正常，果实小无商品性。正常植株生长后期腋芽新抽出嫩枝或顶枝，能被病毒侵染，表现为叶片上卷、发黄、皱缩，但对产量影响不大。

2. 病原和发病特点

番茄黄化曲叶病毒（TYLCV）属于双生病毒科菜豆金色花叶病毒属病毒，寄主为番茄、菜豆、苦苣菜、戟叶鹅绒藤、曼陀罗等植物，番茄黄化曲叶病毒病主要由烟粉虱（B型）传播，烟粉虱获毒后终生传毒（彩图19）。因此，烟粉虱为害重的棚室，易造成该病的发生及流行。但烟粉虱的卵不传毒，种子和机械摩擦不传毒；嫁接可导致病毒传播。此外，施用氮肥过量，植株柔嫩、排水不良等发病较重。

3. 防治方法

在防治实践中，要采取全程综合防控技术措施。

（1）农业防治　①选用抗番茄黄化曲叶病毒（TY）病的品种。目前抗黄化曲叶病毒病的番茄品种有：苏红10号、苏粉12、苏粉15、金陵甜玉（樱桃番茄）、浙粉701、浙粉702、浙杂502、浙樱粉1号、佳红8号、红贝贝、申粉V3、申粉V4、佳丽、阿库拉、佳美、欧宫、迪芬尼、齐达利等，根据市场需求选择适宜商品性状的品种，并注意在种植抗番茄黄化曲叶病毒病的品种时，加强灰叶斑病的苗期和定植后早期防治。②培育无病无虫苗。预防要从育苗期抓起，做到早防早控，力争少发病或不发病。苗床周围杂草要除干净，苗床土壤要进行消毒处理，以减少病源，并使用40~60目防虫网隔离。育苗棚与生产棚分开，育苗前彻底清除苗床及周围病、虫、杂草，育苗棚可用敌敌畏烟剂密闭熏蒸，减少虫源和中间寄主，高温季节还可以利用覆盖薄膜高温闷棚方法除掉残余虫源。使用隔离网室育苗。苗床用50~60目防虫网覆盖，防止烟粉虱成虫迁入。每 10 米² 苗床悬挂 1～2 块黄色粘虫板进行监测和诱杀成虫,如有烟粉虱成虫进入番茄苗床,及时用药进行灭杀防治。移栽前 2～3 天用噻虫嗪或烯啶虫胺、螺虫乙酯,对苗床幼苗进行喷淋(使部分药液流渗到土壤中),以避免在操作过程中将烟粉虱带入定植棚内。③合理安排作物茬口。发病严重的地块要与茄科以外的作物实行三年以上的轮作。番茄定植时避免与黄瓜、豆类混栽换茬,尽量与葱蒜类蔬菜以及芹菜、茼蒿等进行换茬,以减轻烟粉虱发生。育苗地和栽植棚地应彻底清除带毒杂草,减少病毒病的毒源;推广配方施肥技术,喷施爱多收或植宝素,增强寄主抗病力。④加强栽培管理。在番茄生长周期使用 60 目防虫网覆盖所有通风口,防止烟粉虱进入传播病毒病;苗期发现病株要及时拔除,以减少毒源;加强肥水管理,提高植株抗病能力;烟粉虱高龄若虫多分布在下部叶片,适当摘除老叶可有效防治烟粉虱。⑤黄板诱杀。烟粉虱成虫对黄色有强烈的趋性,在温室大棚内设置黄板诱杀成虫。每亩设 40～60 片,在植株顶端 10～15 厘米处悬挂黄板诱杀烟粉虱,以减少传毒媒介,避免感染病毒。

(2) 化学防治 ①治早治小。在烟粉虱种群密度较低虫龄较小的早期防治至关重要,一龄烟粉虱若虫蜡质薄,不能爬行,接触农药的机会多,抗药性差,易防治。②集中连片统一用药。烟粉虱食性杂,寄主多,迁移性强,流动性大,只有全生态环境尤其是田外杂草统一用药,才能控制其繁殖为害。③关键时段全程药控。烟粉虱繁殖率高,生活周期短,群体数量大,世代重叠严重,卵、若虫、成虫多种虫态长期并存,在 7～9 月烟粉虱繁殖的高峰期必须进行全程药控,才能控制其繁衍为害。④施药时宜在清晨或傍晚成虫多潜伏于叶背时喷药,应间隔 7 天左右,连喷 3 次,采收期用药应严格执行安全间隔期。及时清除田间发病植株,切断番茄黄化曲叶病毒毒源。⑤选准药剂、交替使用。对烟粉虱有较好防效的药剂有:阿维菌素、噻嗪酮、烯啶虫胺、氟啶虫胺、螺虫乙酯、呋虫胺、噻虫胺等,不同药剂要交替轮换使用,以延缓抗性的产生。当田间表现出番茄曲叶病毒病症状时,可在发病初期及时喷施病毒抑

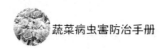

制剂，加强肥水管理，促进植株健壮生长，减少发病损失。病毒抑制剂可选用菇多糖，生长促进剂类的芸薹素、复硝酚钾等。

（四）番茄根结线虫病

1. 症状

番茄根结线虫主要为害番茄根部，尤其侧根受害多。根上形成很多近球状瘤状物，似念珠状相互连接，初表面白色，后变褐色或黑色，地上部表现萎缩或黄化，天气干燥时易萎蔫或枯萎（彩图20）。线虫以成虫或卵在病组织里或以幼虫在土壤中越冬。

由于根部被破坏，影响正常的吸收机能，所以地上部生长发育受阻，轻者症状不明显，重者生长缓慢，植株比较矮小，生育不良，结果小而且少。在中午气温较高时，地上部植株呈萎蔫状态；早晚气温较低或浇水充足时，暂时萎蔫又可恢复正常。随着病情的发展，植株逐渐枯死。

2. 发生规律

番茄根结线虫病是由根结线虫侵染引起的。线虫以卵在病株根内，随同病株残根在土壤中越冬，或以二龄幼虫在土壤中越冬。翌年，在环境适宜时，越冬卵孵化为幼虫，而二龄幼虫继续发育。

在田间主要依靠带虫土及病残体传入、农具携带传播，也可通过流水传播土中线虫，幼虫一般从嫩根部位侵入。侵入前，能作短距离移动，速度很慢，故此病不会在短期内大面积发生和流行。侵入后，能刺激根部细胞增生，形成根肿瘤。幼虫在肿瘤内发育至三龄，开始分化，四龄时性成熟，雌、雄虫体各异，雌、雄虫交尾产卵。雄虫交尾后进入土中死亡；卵在瘤内孵化，一龄幼虫出卵并进入土中，进行侵染和越冬。也有的以卵在病根和土壤中越冬。

病土和病肥是发病主要来源。该线虫发育适温25～30℃，幼虫遇低温失去活动能力，48～60℃经5分钟致死，在土中存活一年，两年即全部死亡。

3. 防治方法

在根结线虫比较严重的大棚中种植番茄，可采用以下防治模式：抗线虫品种或嫁接技术→采用无土育苗培育无线虫壮苗→定植前15～20天用石灰氮土壤消毒→定植时用阿维菌素或噻唑膦等低毒药剂处理定植穴→生长期用阿维菌素或其他低毒药剂灌根2～3次。

（1）无土培育无线虫壮苗　采用无土育苗是避免根结线虫为害的一条重要措施。因为无土育苗可培育壮苗，避免早期受到根结线虫的为害，而移栽后，即使受到根结线虫的为害，对作物产量影响不大。

无土栽培在夏季育苗时，要及时补充水分，防止过干秧苗生长不良。在采用无土育苗的方法，其秧苗质量好于土壤育苗。育苗基质进行消毒。

消毒的药剂有棉隆和威百亩。方法是将基质集中，将棉隆或威百亩与基质充分拌匀后，盖上塑料布熏蒸。注意药物残留危害。

（2）采用嫁接技术　含有Mi基因的野生茄科类品种，对根结线虫具有优异的抗性。利用这些品种作砧木进行嫁接栽培，能有效防治根结线虫危害，且种植一茬后，可明显减轻下茬作物根结线虫的为害。砧木应选择生长势强，根系发达，对黄萎病、青枯病、枯萎病、根结线虫病这4种土传病害达到高抗甚至免疫程度的品种。

生产中表现比较好的有：托鲁巴姆、CRP、水茄、温棚茄砧、超托鲁巴姆、托托斯加。其中托鲁巴姆苗期茎粗壮，嫁接操作方便，成活率高，嫁接生产的番茄产量高、品质好，是一种较为理想的抗根结线虫砧木品种。利用托鲁巴姆进行番茄嫁接栽培是防治番茄根结线虫最有效最成功的方法。

（3）石灰氮土壤消毒　石灰氮是一种高效的土壤消毒剂，石灰氮分解的中间产物氰氨和双氰氨都具有消毒、灭虫、防病的作用。可防治各种土传病害及地下害虫，特别是对线虫效果较好。利用石灰氮防治土传病害，较常规土壤杀菌剂防治具有无残留、不污染环境等优点，是溴甲烷、棉隆等高毒、剧毒农药被禁用后进行土壤无害化处理、生产无公害蔬菜的一种安全有效的做法。番茄定植前每亩耕层土壤中施入石灰氮75～100千克，麦草1 000～2 000千克和鸡粪2 000千克，做畦后灌水，灌水量要达到饱和程度，覆盖透明塑料薄膜，四周要盖紧、盖严，让薄膜与土壤之间保持一定的空间，以利于提高地温，增强杀菌灭虫效果。

密闭温室或大棚，闷棚20～30天。闷棚结束后，可根据土壤湿度情况开棚通风，调节土壤湿度，然后疏松土壤即可栽培蔬菜。应用此法的最佳时间要选择夏季气温高、雨水少、温室大棚闲置时期，一般是5月下旬至8月下旬。

（4）生物防治　定植前每平方米用1.8％阿维菌素乳油1毫升，稀释2 000～3 000倍液后，用喷雾器喷雾，然后用钉耙混土，该法对根结线虫有良好的效果。对生长期发病的植株，可用1.8％阿维菌素乳油4 000倍液根部穴浇，每株100～200克。播种及定植当天浇灌蜡质芽孢杆菌"线灭"或多菌合剂"宁盾"A型稀释液可预防此病。

（5）高温结合生物发酵方法（类堆肥方法）　①夏季高温。6～8月进行。②投入碳源和氮源营养。按照土壤微生物营养生长条件（C/N比例为25/1）；投入碳源的麦秸秆1 000千克/亩，鸡粪1 000千克/亩，生石灰20千克/亩。秸秆粉碎至3～5厘米长，容易混合土壤；耕翻覆盖土壤耕作层。③开沟后全田覆盖旧薄膜，灌溉水密闭田间耕作层。根据实际气候条件，30天揭膜通风降湿。

（6）药剂灌根　定植后，在棚室内植株局部受害时，可选用1.8％阿维菌素乳油2 000倍或每亩用5％阿维菌颗粒剂2.5千克，或0.3％印楝素乳油100毫升，或0.15％阿维·印楝素颗粒剂4千克，用湿细土拌匀后撒施于垄上沟内，盖土后移栽；1.1％苦参碱粉剂等药剂均匀撒施后耕翻入土，每亩用药量3～5千克。

（7）合理轮作　与禾本科作物进行2～3年轮作。最好进行水旱轮作，也可与大葱、韭菜、辣椒、大蒜类抗耐病的作物轮作，降低土壤中线虫基数。

（五）辣椒疫病

辣（甜）椒疫病主要为害叶片、果实和茎，特别是茎基部最易发生。幼苗期发病，多从茎基部开始染病，病部出现水渍状软腐，病斑暗绿色，病部以上倒伏。

1. 为害症状

辣椒疫病苗期、成株期均可受害，茎、叶和果实都能发病。苗期茎基部呈暗绿色水浸状软腐或猝倒；有的茎基部呈黑褐色，幼苗枯萎而死（彩图21）；叶片病斑圆形或近圆形，边缘黄绿色，中央暗褐色；果实染病始于蒂部，初生暗绿色水浸状斑，迅速变褐软腐，湿度大时表面长出白色霉层，干燥后形成暗褐色僵果，残留在枝上。茎和枝染病，病斑初为水浸状，后出现环绕表皮扩展的褐色或黑褐色条斑，病部以上枝叶迅速凋萎。塑料大棚或北方露地，初夏发病多，首先为害茎基部，症状表现在茎的各部，分杈处茎变为黑褐色或黑色；如被害茎木质化前染病，病部缢缩，地上部折倒，植株急速凋萎死亡。

2. 病原及发病条件

病原：辣椒疫霉菌（*Phytophthora capsici*），鞭毛菌亚门真菌。辣椒疫霉菌的寄主范围较广，除辣椒外还能寄生番茄、茄子和一些瓜类作物。疫病的病原菌的卵孢子可存活3年以上，主要以卵孢子在土壤中和病残体上越冬，可度过不种植寄主作物的季节。

发病条件：发病后可产生新的孢子囊，形成游动孢子进行再侵染。病菌生育温度范围为10～37℃，最适宜温度为20～30℃。空气相对湿度达90％以上时发病迅速；重茬、低洼地、排水不良，氮肥使用偏多、密度过大、植株衰弱均有利于该病的发生和蔓延。

3. 防治方法

（1）农业防治 ①及时清洁田园。耕翻土地，采用菜粮或菜豆轮作，提倡垄作或选择坡地种植。②选用早熟避病或抗病品种。③培育适龄壮苗。适度蹲苗，定植苗龄以80天左右为宜，要求达

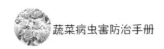

到壮苗指标，每亩定植 3 200～3 500 株。④加强田间管理。蹲苗后进入枝叶及果实旺盛生长期，促秧攻果返秧防衰，4 次肥水不可少；⑤避雨栽培。棚室进入多雨季节顶面覆盖薄膜，注意围裙雨水喷溅传病。

（2）化学防治　①种子消毒。52℃温水浸种 30 分钟或用 1％硫酸铜液浸种 5 分钟，捞出后拌少量草木灰。②畦面处理。畦面撒施 98％硫酸铜粉剂 2.5～3.0 千克/亩预防田水传染病菌，一般 10 米^{2}用药 50 克，防效明显。③田间喷雾用药。及时喷洒和浇灌 25％甲霜灵可湿性粉剂 700 倍液，或 58％甲霜·锰锌可湿性粉剂 400 倍液。可用 50％甲霜铜可湿性粉剂 600 倍液，或 30％甲霜·噁霉灵可湿性粉剂 600 倍液，或 25％甲霜灵可湿性粉剂 700 倍液对病穴和周围植株灌根，每株药液量 250 克，灌 1～2 次，间隔期5～7 天。

（3）生物防治　播种及定植当天浇灌多菌合剂"宁盾"A 型稀释液可预防此病。

（六）辣椒炭疽病

炭疽病是辣椒上的常发病害，特别在高温季节，果实受灼伤，极易并发炭疽病使果实完全失去商品价值。辣（甜）椒炭疽病主要危害果实和叶片，也可侵染茎部。

1. 症状

果实染病，初现水浸状黄褐色圆斑，边缘褐色，中央呈灰褐色，斑面有隆起的同心轮纹，往往由许多小点集成，小点有时呈黑色，有时呈橙红色（彩图 22）。潮湿时，病斑表面溢出红色黏稠物，被害果内部组织半软腐，易干缩，致病部呈膜状，有的破裂。叶片染病，初为褪绿色水浸状斑点，后渐变为褐色，中间淡灰色，近圆形，其上轮生小点。果梗有时被害，生褐色凹陷斑，病斑不规则，干燥时往往开裂。

2. 发病规律

主要以拟菌核随病残体在地上越冬，也可以菌丝潜伏在种子里，或以分生孢子附着在种皮表面越冬，成为翌年初侵染源。越冬后的病菌，在适宜条件下产出分生孢子，借雨水或风传播蔓延，病菌多从伤口侵入，发病后产生新的分生孢子进行重复侵染。适宜发病温度 12～33℃，其中 27℃ 最适；孢子萌发要求相对湿度在 95％以上。温度适宜，相对湿度 87％～95％，该病潜育期 3 天，易发病；湿度低，潜育期长，相对湿度低于 54％ 则不发病。高温多雨则发病重。排水不良、种植密度过大、施肥不当或氮肥过多、通风不好，都会加重此病的发生和流行。

3. 防治方法

（1）农业防治　①选择抗病品种。甜椒如长丰、茄椒 1 号、蒙椒 3 号、早丰 1 号、皖椒 1 号；辣椒如早杂 2 号，湘研 4 号、5 号、6 号等较抗病。②无病株留种或种子温汤浸种。用 55℃ 温水浸 30 分钟后移入冷水中冷却，晾干后播种。也可先将种子在冷水中预浸 10～12 小时，再用 1％ 硫酸铜浸种 5 分钟，或 50％ 多菌灵可湿性粉剂 500 倍液浸 1 小时；也可用次氯酸钠溶液浸种，在浸种前先用 0.2～0.5％ 的碱液清洗种子，再用清水浸种 8～12 小时，捞出后置入配好的 1％ 次氯酸钠溶液中浸 5～10 分钟，冲洗干净后催芽播种。③采用营养钵育苗，培育适龄壮苗。④其他蔬菜轮作。发病严重的地块实行与瓜类、豆类蔬菜轮作 2～3 年。⑤加强田间管理。避免栽植过密；采用配方施肥技术，避免在下湿地定植；雨季注意开沟排水，并预防果实日灼。

（2）化学防治　使用或 70％ 甲基硫菌灵可湿性粉剂 600 倍液，或 10％ 苯醚甲环唑水分散粒剂 1 000 倍液喷雾。

三、豆类蔬菜病害

（一）豆类蔬菜锈病

1. 症状

主要为害叶片和茎部，叶片染病初在叶面或叶背产生细小圆形赤褐色肿斑，破裂后散出暗褐色粉末，后期又在病部生出暗褐色隆

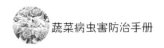

起斑，纵裂后露出黑色粉质物（彩图23）。茎部染病，病症与叶片相似。

2. 防治方法

①适时播种。南方防止冬前发病，减少病原基数，生育后期避过锈病盛发期。②选用早熟品种。在锈病大发生前收获。③合理密植。及时开沟排水，及时整枝，降低田间湿度。④不种夏播豌豆或早豌豆。减少豌豆冬春菌源，冬播时清水洗种也可减轻发病。⑤化学防治。发病初期喷洒15％三唑酮可湿性粉剂1 500倍液或10％苯醚甲环唑水剂1 500倍液，每隔10天左右喷1次，连续喷2～3次。

（二）豆类蔬菜白粉病

1. 症状

该病主要为害叶片、茎蔓和种荚。叶片受害，初期在叶面上产生白粉状淡黄色小斑，后扩大为不规则形的粒斑，并相互连合成片，病部表面被白粉覆盖，叶背则呈褐色或紫色斑块（彩图24）。叶片严重发病后，迅速枯黄。茎蔓和种荚受害，也产生粉斑，严重时布满茎荚，致使枯黄坏死。

2. 发病规律

本病由子囊菌亚门豌豆白粉菌真菌侵染引起。豌豆白粉病是以分生孢子进行多次重复侵染，使病害在其寄主作物间辗转传播为害。豌豆白粉病病菌寄主范围很广，可侵害豆科、茄科、葫芦科等13科60多种植物。日暖夜凉、昼夜温差大的多露潮湿的环境，有利发生流行。豌豆品种间抗病性有较大差异。一般细荚豌豆较大荚豌豆抗病力强。

3. 防治方法

（1）农业防治　①因地制宜选种抗病品种。推广"杂交大荚豌豆"（阳双花×大荚豌豆）。②实行轮作。抓好以加强肥水管理为中心的栽培防病措施，合理密植，清沟排渍，增施磷、钾肥，不偏施氮肥。

（2）药剂防治 在发病初期或豌豆第一次开花时用 15％三唑酮可湿性粉剂 1 500 倍液或 10％苯醚甲环唑水剂 1 500 倍液，每隔 10～15 天喷 1 次，连喷 3～4 次。

（三）豆类蔬菜根腐病

菜豆是蔬菜中的一种，在种植期间，需要多加注意菜豆的多种病虫害，根腐病主要为害菜豆的根部，严重情况造成菜豆减产减值。

1. 症状

菜豆根腐病主要为害根部和茎基部，病部产生褐色或黑色斑点，病株易拔出，纵剖病根，维管束呈红褐色，病情扩展后向茎部延伸，主根全部染病后，地上部茎叶萎蔫或枯死（彩图 25）。但是这病只要预防和治疗得当，为害是可以减轻的。

2. 防治方法

①农业措施。采用深沟高垄、地膜覆盖栽培。生长期合理运用肥水，不能大水漫灌；浇水后及时浅耕、灭草、培土，以促进发根。注意排除田间积水，及时清除田间病株残体，发现病株及时拔除，并向四周撒石灰消毒。②土壤处理。苗床消毒可选用 95％噁霉灵原药 50 克/米² 消毒。③化学防治。田间发病后及时防治，发病初期，可采用下列杀菌剂或配方进行防治：5％丙烯酸·噁霉·甲霜水剂 800～1 000 倍液；或 20％甲基立枯磷乳油 800～1 000 倍液＋70％敌磺钠可溶性粉剂 800 倍液；适量加入复硝酚钾兑水灌根，每株灌 250 毫升药液，视病情隔 5～7 天灌 1 次。

（四）菜豆常见的病害

菜豆无公害生产中，病虫害防治是关键技术措施。生产上除采取用抗病品种、选择两年以上无种过豆科作物的田块、高畦种植、合理追肥、清洁田园和清除植株病残体等农业防治措施外，还应选用高效、低毒、低残留的农药进行防治。

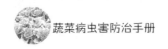

1. 炭疽病

（1）症状　叶、茎、荚都会染病。叶片受害出现黑褐色多角形小斑点。茎上病斑为褐色、长圆形、稍凹陷。荚上的病斑暗褐色，近圆形，稍凹陷，边缘有粉红色晕圈（彩图 26）。种子上的病斑为黑色小斑。

（2）发生条件　炭疽病为真菌性病害，周年可发生。其菌丝体和分生孢子随病残体在土壤中存活，或伴着种子、风雨传播。高温高湿、低洼积水、肥水不足、植株长势差容易发病。

（3）药剂防治　用 10％苯醚甲环唑水分散粒剂 1 000 倍液喷雾；严格掌握喷药后的采收安全间隔期。

2. 根腐病

（1）症状　菜豆染病初期下叶变黄、枯萎，但不脱落。病株主根上部和地下部分变为黑褐色，病部稍下陷，有时开裂到皮层内；侧根逐步变黑、腐烂。主根变黑腐烂时，病株枯死。

（2）发生条件　病菌在土壤中可存活多年，借风雨、流水传播。土壤黏重、积水、连作、高温及太阳雨后易发病。

（3）药剂防治　发病初期喷施或浇灌 30％噁霉灵水剂 1 000 倍液，或 50％多菌灵可湿性粉剂、70％甲基硫菌灵可湿性粉剂 800 倍液。

3. 细菌性疫病

（1）症状　菜豆植株地上叶、茎、豆荚及种子等所有部分都可感染细菌性疫病，在潮湿环境下，茎部或者种脐部常有黏液状菌脓溢出，有别于炭疽病。发病初期，从叶尖或叶缘开始出现暗绿色、水渍状的小斑点，后为不规则的褐色斑，边缘有黄色晕圈，病斑直径一般不超过 1 毫米，严重时病斑连片，病部变脆硬、易破，潮湿时分泌出淡黄色菌脓。

（2）发生条件　该病由地毯草黄单胞菌菜豆致病变种，隶属于细菌纲薄壁菌门黄单胞菌属。病菌主要在菜豆种子内越冬，也可随病残体留在土壤中越冬。高温、高湿利于病害发生。栽培管理不当、种植密度过大、保护地不通风、大水漫灌、虫害发生较重、肥力不足或偏施氮肥造成植株衰弱或徒长以及杂草丛生的田块，病害均较重。

（3）药剂防治　避免连作，有条件的地区可实行水旱轮作或与非豆科植物轮作3年以上。可选用72％农用链霉素可溶性粉剂3 000倍液、80％蒜素乳油1 500倍液或3％中生菌素可湿性粉剂500～600倍液喷雾防治，发病初期每隔7～10天喷1次，连喷2～3次。或用25％络氨铜水剂1 000倍液、20％噻菌铜水悬浮剂500倍液等喷雾防治。

4. 锈病

（1）症状　该病主要为害叶片，初期产生黄白色斑点，随后病斑中央突起、呈暗红色小斑点，病斑表面破裂后散出褐色粉末（彩图27）。叶片被害后，病斑密集，迅速枯黄，引起大量落叶。

（2）发生条件　锈病为真菌性病害，病菌在病残体中越冬，随气流传播，由气孔入侵。水滴是锈病萌发和侵入的必要条件。高温高湿、生长后期多雾多雨、日均温24℃左右及低洼积水、通风不良的地块发病重。

（3）防治方法　①种植抗病品种。②春播宜早。必要时可采用育苗移栽避病。③清洁田园。加强管理，采用配方施肥技术，适当密植。④药剂防治。发病初期喷洒10％苯醚甲环唑1 000倍液，或25％丙环唑乳油2 000倍液，或12.5％烯唑醇可湿性粉剂2 000倍液，每隔15天左右喷1次，防治1～2次。

5. 煤霉病

（1）症状　该病主要为害叶片。发病初期叶背面出现淡黄色近圆形或不规划形的病斑，叶边缘病斑不明显。病斑上着生褐色茸毛状的霉点，即是病菌的分生孢子梗及分生孢子；后期病斑为褐色，严重时叶片枯萎脱落。

（2）发生条件　低洼积水、潮湿天气、田间荫蔽则发病重。

（3）药剂防治　发病初期及时用药，可用70％甲基硫菌灵800倍液、50％多菌灵可湿性粉剂500倍液、70％代森锰锌可湿性粉剂600倍液交替喷雾防治，每隔7～10天喷1次，连喷2～3次。

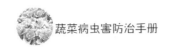

四、瓜类蔬菜病害

（一）黄瓜霜霉病

黄瓜霜霉病是黄瓜生产上最常见的病害之一。该病是一种气流传播、流行性较强的病害，发病特点是来势猛、传播快、发病重，两周内可使整株叶片枯死，一般减产10%～30%，局部田块可导致植株死亡率50%以上，甚至绝收。

1. 症状

苗期子叶上出现褪绿，逐渐呈枯黄不规则病斑，潮湿时叶子背面产生灰黑色霉层，子叶很快变黄干枯。成株期感病叶片上出现水浸状斑点，扩大后受叶脉限制呈多角形，病斑逐渐变为淡黄色或黄色，最后变为淡褐色干枯。病斑边缘明显，后期病斑汇合成片，潮湿条件下叶背面产生淡紫至灰黑色霉层（彩图28）。一般由植株下部叶片向上部叶片发展蔓延，发病严重时，多个病斑连接成片，全叶变为黄褐色干枯、收缩而死亡。

2. 发生条件

霜霉病是由真菌引起的病害，病原菌主要靠气流、风雨和人们的农事操作活动进行传播，通过植物的各种孔口侵染，伤口、气孔或表皮均可侵入；高湿是其发生的重要条件，当叶面有水滴或水膜时，病菌孢子才能萌发和侵入；发病最适温度16～24℃，最适相对湿度为85%以上；温度低于15℃或高于30℃，病害受到抑制；空气相对湿度在50%以下，病菌不能产生孢子囊。

3. 防治方法

霜霉病药剂防治应喷药须细致，防治效果不好往往是由于喷药不周到造成的；在温室栽培时，浇水前或浇水后一定要喷药，这是防治该病的关键；露地栽培时，在雨后一定要喷药预防。

①选用抗病品种。黄瓜品种对霜霉病的抗性差异大，要选较抗病的品种。选择津杂2号、津杂3号、津杂4号、天津密刺、中农8号、中农1101、津春2号、津春3号、津春4号等抗病黄瓜品

种。②培育无病壮苗。育苗温室与生产温室分开，减少苗期染病。如果是用穴盘或在畦内育苗的应保证苗的株行距在 10 厘米×10 厘米，如果是采用营养钵育苗的在幼苗三叶期时将幼苗适当摆开蹲苗，避免幼苗徒长。定植前两天应重点喷一次杀菌剂，避免幼苗带菌。定植时选好苗、壮苗栽，严格淘汰病苗。③采用配方施肥技术。补施二氧化碳气肥；黄瓜生长中后期，植株汁液氮糖含量下降时，用 0.1%尿素加 0.3%磷酸二氢钾或尿素∶葡萄糖（或白糖）∶水＝0.5～1∶1∶100，或每毫升喷施宝兑水 11～12 升，进行叶面喷雾，可提高植株抗病力，每隔 3～5 天喷 1 次，连喷 4 次，效果较好。④生态防治。所谓生态防治法是利用黄瓜与霜霉菌生长发育对环境条件要求的不同，采用利于黄瓜生长发育，而不利于病菌生长的方法达到防病目的。即日出后棚温控制在 25～30℃，通风使相对湿度降到 60%～70%，保持下午温度降至 20～25℃，相对湿度降到 70%左右。夜间最低温度达到 12℃时，可以整夜放风。⑤化学防治。在田间出现霜霉病，但病害较轻时以保护剂为主，适量加入治疗剂；在病害中初期，田间普遍出现霜霉病症状，应及时进行防治，该期要注意用速效治疗剂。可选用 40%甲霜灵可湿性粉剂 600 倍液，72%霜脲·锰锌可湿性粉剂 800 倍液，30%烯酰吗啉可湿性粉剂 1 000 倍液等喷雾。

保护地栽培：用 45%百菌清烟剂 200 克/亩＋10%霜脲氰烟剂 200 克/亩、15%百菌清·甲霜灵烟剂 250 克/亩，按包装分放 5～6 处，傍晚闭棚由棚室里面向外逐次点燃后，次日早晨打开棚、室，进行正常田间作业。间隔 6～7 天熏 1 次，熏蒸次数视病情而定。

露地栽培：黄瓜苗期可先喷施 1 次药，带药定植。露地黄瓜定植后，气温达到 15℃，相对湿度 80%以上，早晚大量结露时应进行田间检查，当中心病株出现时，及时喷药防治。

（二）黄瓜灰霉病

黄瓜灰霉病，又称烂果病、霉烂病，是黄瓜保护地栽培常年发

生的一种病害，近年来发生呈逐年趋重。灰霉病菌主要为害黄瓜、番茄、草莓、马铃薯等。

1. 症状

黄瓜灰霉病始病部位在花蒂，产生水渍状病斑；逐渐长出灰褐色霉层，引起花器变软、萎缩和腐烂；并逐步向幼瓜扩展。叶片染病初为水渍状，后变为不规则形的淡褐色病斑，边缘明显，有时病斑长出少量灰褐色霉层（彩图 29）。

高湿条件下，病斑迅速扩展，形成直径 15～20 毫米的大型病斑。茎蔓染病后，茎部腐烂，瓜蔓折断，引起烂秧。

2. 病原和发生条件

此病由真菌半知菌亚门灰葡萄孢（*Botrytis cinerea*）侵染引起。以菌核在土壤中或以菌丝及分生孢子在病残体上越冬或越夏。光照不足、低温和高湿条件下易流行。浙江及长江中下游地区保护地栽培黄瓜灰霉病发病期盛期在 5 月期间，在连续阴雨、光照不足、气温低、湿度大的天气条件下，如不及时通风透光，发病重。

3. 发病规律

病原菌以菌丝、分生孢子及菌核附着于病残体上或遗留在土壤中越冬，靠风雨及农事操作传播，黄瓜结瓜期是病菌侵染和发病的高峰期。灰霉病是露地及保护地作物常见且比较难防治的一种真菌性病害，属低温高湿型病害，病原菌生长温度为 20～30℃，温度 20～25℃、湿度持续 90％以上时为病害高发期；此病多在冬季低温寡照的温室内发生。

4. 防治方法

在灰霉病发病中期，有较多的病叶病果，且少数病枝出现病害症状；一般防治不及时将会进入迅速蔓延阶段。采取化学防治与物理防治相结合的综合防治模式。

（1）农业防治　①清除病残体。收获后期彻底清除病株残体，土壤深翻 20 厘米以上，将土表遗留的病残体翻入底层，喷施土壤消毒剂加新高脂膜对土壤进行消毒处理，减少棚内初侵染源。苗期、瓜膨大前及时摘除病花、病瓜、病叶，带出大棚、温室外深埋，减少再侵染的病源。②加强栽培管理。不偏施氮肥，增施磷、钾肥，培育壮苗，以提高植株自身的抗病力。适量灌水，阴雨天或下午不宜浇水，预防冻害。③控温法。调节温湿度，控制病菌侵染。室内温度提高到 31～33℃，超过 33℃ 开始放风，下午温度维持在 20～25℃，降至 20℃ 时关闭风口，使夜间温度保持在 15～17℃。加强通风换气，浇水适量，忌在阴天浇水，防止温度过高；注意保温，防止寒流侵袭。④休耕法。高温季节在大棚、温室内深翻灌水，并将水面漂浮物捞出，集中深埋或烧掉，保持大棚、温室清洁。

（2）化学防治　①预防用药。以早期预防为主，掌握好用药的 3 个关键时期，即苗期、初花期、果实膨大期。喷雾用药做到三要：即一是对于大棚前檐湿度高易发病，靠大棚南部的植株要重点喷；二是中心病株周围的植株重点喷；三是植株中、下部叶片及叶的背面重点喷。②烟雾剂用药。遇连阴雨天气或棚室湿度较大时，每亩用 3‰灰霉净烟剂 150 克或 10％腐霉利烟剂 250 克进行熏蒸，控制灰霉病病情。③三步综合治疗法。按照药剂与物理防治相结合的防治方法，一般连用 2～3 次能有效控制病情，即使病害症状消失（病部干枯、无霉层）。采取三步综合防治法：清洁田园＋烟雾剂熏蒸＋喷雾用药。苗期：定植前在番茄苗床用药，可选择对苗生长无影响的药剂或消毒剂，例如腐霉利、甲基硫菌灵、异菌脲等进行喷施，同时选择无病苗移栽。初花期：第 1 穗果开花时，谨慎用药，选择 50％异菌脲或 20％嘧霉胺兑水喷雾，5～7 天用药一次，进行预防。果实膨大期：在浇催果水（尤其在浇第一、二穗果催果水）前一天用异菌脲、腐霉利、嘧霉胺、嘧菌环胺等喷雾防治，每隔 5～7 天用药一次，连用 2～3 次。④治疗用药。灰霉病初发：表现在残败花期及中下部老叶，使用 50％异菌脲按 1 000 倍液喷施；连续用药 2 次，即能有效控制病情。发病中后期：可采用如40％嘧霉胺悬浮剂 10～15 克，或 30％丙环唑 10 毫升，或 40％腐霉利可湿性粉剂 15～20 克，或嘧菌环胺 20 克，兑水 15 千克，每5 天用药 1 次，连续用药 2 次。

（三）西瓜病毒病

西瓜病毒病，又称花叶病。北方瓜区以花叶型病毒病为主；南方瓜区蕨叶型病毒病发生较普遍，尤以秋西瓜受害最重。

1. 症状

西瓜病毒在田间主要表现为花叶型和蕨叶型两种症状。

花叶型：初期顶部叶片出现黄绿镶嵌花纹，以后变为皱缩畸形，叶片变小，叶面凹凸不平，新生茎蔓节间缩短，纤细扭曲，坐果少或不坐果（彩图30）。

蕨叶型：新生叶片变为狭长，皱缩扭曲，生长缓慢，植株矮化，有时顶部表现簇生不长，花器发育不良，严重的不能坐果。发病较晚的病株，果实发育不良，形成畸形瓜，也有的果面凹凸不平，果小，瓜瓤暗褐色，对产量和质量影响很大。

2. 病原和发生条件

病原：西瓜上发生的主要病毒病类型有：西瓜花叶病毒2号（WMV-2）、甜瓜花叶病毒（MMV）、黄瓜花叶病毒（CMV）、黄瓜绿斑花叶病毒（CGMMV）等。

传播途径：病毒主要通过种子带菌和蚜虫汁液接触传毒；农事操作（如整枝、压蔓、授粉）引起接触传毒，是田间传播、流行的主要途径。

高温、干旱、日照强的气候条件，有利于蚜虫的繁殖和迁飞，传毒机会增加，则发病重；肥水不足、管理粗放、植株生长势衰弱或邻近瓜类菜地，也易感病；蚜虫发生数量大的年份发病重。

3. 防治方法

西瓜病毒病的防治，必须坚持"预防为主、综合防治"的原则，全面搞好农业防治、化学防治等防治措施。

（1）农业防治　①科学选地。西瓜地要远离其他瓜类地种植，减少传染机会。②整地时注意消灭地下害虫等。定植时实行小苗移栽，减少根部伤口传染。彻底消灭温室内的蚜虫；减少地上部分的蚜虫媒介传播。③防止接触传播。在整枝、压蔓、授粉等田间作业时，先进行健株后进行病株。苗期发病及早拔除病株，换成健株。严格限制非生产人员进入，鞋、裤接触传播。④加强田间管理。多施有机肥，重施基肥，配方施肥；科学灌水；化学调控；培育壮苗，提高抗病能力。

（2）化学方法　播种时干籽用70℃温水浸种10分钟可杀死病毒；或用10%磷酸三钠溶液浸种20分钟钝化病毒，用清水洗净后播种。①预防蚜虫。用10%的吡虫啉可湿性粉剂1 000倍液，或3%的定虫脒乳油1 000倍液喷雾防治。②喷洒病毒抑制剂。发病初期喷施20%盐酸吗啉胍·铜可湿性粉剂500～800倍液、0.5%菇类蛋白多粉水剂200～300倍液、混合脂肪醛100倍液、2%宁南霉素250倍液或2%氨基寡糖素水剂300～400倍液等，可在一定程度上减轻病害，应注意施药间隔期，药剂应交替使用。

（四）西瓜炭疽病

西瓜炭疽病在整个生长期内均可发生，但以植株生长中、后期发生最重，造成落叶枯死，果实腐烂。

1. 症状

在幼苗发病时，子叶上出现圆形褐色病斑，发展到幼茎基部变为黑褐色且缢缩，甚至倒折。成株期发病时，在叶片上出现水浸状圆形淡黄色斑点，后变褐色，边缘紫褐色，中间淡褐色，有同心轮纹。病斑扩大相互融合后易引起叶片穿孔干枯。在未成熟的果实上，初期病斑呈现水浸状，淡绿色圆斑，成熟果实上开始为突起病斑，后期扩大为褐色凹陷，并环状排列许多小黑点，潮湿时生出粉红色黏稠物，多呈畸形或变黑腐烂（彩图31）。主要为害西瓜，甜瓜。

2. 病原和发生条件

病原：西瓜炭疽病菌（*Colletotrichum orbiculare*）半知菌亚门刺盘孢属真菌，刺盘孢属。

发生条件：发病最适温度为22～27℃，10℃以下、30℃以上病斑停止生长。病菌在病残体或土里越冬，第二年温度湿度适宜，

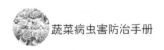

越冬病菌产生孢子，开始初次侵染。附着在种子上的病菌可以直接侵入子叶，引起幼苗发病。病菌在适宜条件下，再产生孢子盘或分生孢子，进行再次侵染。炭疽病的发生和湿度关系较大，在适温下，相对湿度越高，发病越重。相对湿度在 $87\%\sim95\%$ 时，其病菌潜伏期只有 3 天；湿度越低，潜伏期越长，相对湿度降至 54% 以下时不发病。此外，过多用氮肥，排水不良，通风不好，密度过大，植株衰弱和重茬种植，发病严重。

3. 防治方法

（1）农业防治　炭疽病的防治应重点选用抗病品种，调节室内湿度，使其降至 70% 以下，并抓好全生育期的保护。

①选用抗病品种。选用齐红、齐露、开杂 2 号、开杂 5 号、京欣、兴蜜。②种子消毒，培育无病壮苗。③实行轮作，合理施肥。减少氮素化肥用量，增施钾肥和有机肥料。④地面全面覆地膜并要加强通风调气，降低室内空气湿度至 70% 以下。⑤合理密植，科学整枝，防止密度过大，以降低室内小气候湿度。

（2）化学防治　保护地和露地在发病初期喷洒 50% 甲基硫菌灵可湿性粉剂 800 倍液，或 25% 咪鲜胺乳油 1 000 倍液。每隔 7～10 天 1 次，连治 2～3 次。

（五）甜瓜白粉病

甜瓜白粉病是为害甜瓜生产的重要病害之一，可导致植物光合能力下降，引起早衰甚至死亡，影响甜瓜的产量和品质。春、秋两季发病重，发病率为 $30\%\sim100\%$，一般可致减产 $10\%\sim20\%$，病害严重时可减产 40% 以上。除为害甜瓜外，还可为害葫芦科其他蔬菜。

1. 症状

主要为害叶片，也为害叶柄、茎蔓。发病初期，叶片正面出现白粉状小霉斑，以后蔓延到叶背面，很快扩大形成白粉层，严重时会扩展至叶片背面、茎和叶柄等处。茎蔓染病和叶片一样，开始时茎蔓上出现白色粉状小点，最后整个茎蔓布满白粉（彩图32）。发病后期整个植株被白粉层覆盖后，白粉层变为灰白色，白粉层中出现散生或堆生的黄褐色、小粒点，以后变成黑色，即病菌有性世代的闭囊壳，病叶枯焦发脆，致使果实早期生长缓慢。治愈后也会在病斑处留下痕迹。

注意与叶表面的白色药粉相区别：植株叶片发黄，叶表面因喷施大量农药粉剂而附有一层白色药粉易与白粉病混淆。查看田间整体植株，叶片并没有白色霉状物，发病黄化的现象与机械化施药有关，排除病害，应与药害有关。

2. 病原和发生条件

（1）病原　甜瓜白粉病主要由子囊菌门的白粉菌和瓜类单囊壳菌引起。病原菌的有性态和无性态均可越冬，其有性态闭囊壳随病残体留在地上或温室、塑料大棚的瓜类作物上越冬，翌年春季释放出的子囊孢子成为初侵染来源；无性态则以菌丝或分生孢子在寄主上越冬，菌丝体可附生在叶表面进行侵染，而分生孢子在适宜条件下产生芽管或吸器侵入寄主叶片表皮。带病种苗远距离调运是无病地区的主要初侵染源。气流是甜瓜白粉病传播的主要途径，病原孢子随气流在田间或温室中传播，子囊孢子或分生孢子可在适宜条件下萌发侵染，从叶面直接侵入。雨季来临或灌溉时，病原孢子随水滴冲刷或飞溅从发病植株传播到健康植株，引起病害的流行。另外，雨后干燥有利于分生孢子的繁殖和病情的扩展，容易造成此病的流行。

（2）发生条件　白粉病病菌的分生孢子萌发要求较高的温度，以 20～25℃ 最适合，不能低于 10℃ 或高于 30℃。白粉病病菌分生孢子在高于 30℃ 或低于 −1℃ 的条件下很快失去生命力。白粉病病菌的分生孢子萌发的湿度范围较大，虽然湿度增高更有利于其分生孢子的萌发和侵入，但即使空气湿度降低到 25%，分生孢子仍可萌发并侵入为害。寄主受干旱影响，白粉病发生会更严重。施肥不足、管理不善、土壤缺水、灌溉不及时、光照不足均易造成植株生长发育衰弱，从而降低对白粉菌侵染的抵抗力。浇水过多、氮肥过量、湿度增高等也有利于白粉病的发生。

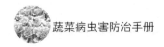

3. 防治方法

（1）农业防治　①引用抗白粉病的优良品种。②清洁田园。甜瓜收获后应彻底清理田园，病残体不要堆放在棚边，要集中焚烧。生长期及时除草，摘除病叶，并将杂草、残留物、病叶等带到田外集中烧毁。③田间管理。合理调整种植密度，科学整枝，以利于通风透光，加强肥水管理及温湿度调控，增强植物的抗逆性。保持科学灌溉，少施氮肥，增施磷、钾肥，防止植物徒长和早衰。温室大棚栽培，要注意通风换气，控制湿度，降低温度。

（2）生物防治　发病初期选用枯草芽孢杆菌（1 000 亿个/克）可湿性粉剂 1 000～1 500 倍液，或 3% 多抗霉素可湿性粉剂 500～600 倍液，或 2% 武夷菌素水剂 300～500 倍液，或 4% 嘧啶核苷类抗菌素水剂 800～1 000 倍液防治，用药间隔期 4～5 天，连喷 2～3 次。也可在发病前用诱导抗病剂进行防治，如用 0.5% 几丁聚糖水剂 300～500 倍液，用药间隔期 5～7 天，连喷 2～3 次。

（3）化学防治　发病初期应及时喷药，药剂要交替轮换使用。可选用 40% 氟硅唑乳油 8 000 倍液，或 25% 咪鲜胺乳油 1 000倍液、30% 氟菌唑可湿性粉剂 2 000 倍液、32.5% 苯甲·嘧菌酯悬浮剂 1 500 倍液、43% 戊唑醇悬浮剂 3 000 倍液、10% 苯醚甲环唑水分散粒剂 1 000 倍液等喷雾防治，每隔 5～7 天喷雾一次，连续用药 2～3 次。由于甜瓜白粉病主要靠气流传播，在喷洒药剂时，除了叶面喷雾，对地面和棚壁喷施药剂会增加防治效果。

五、根茎类蔬菜病害

（一）萝卜常见病害

1. 萝卜霜霉病

（1）症状　以叶片发病为主，茎、花及种荚也能受害。病叶初期产生水浸状褪绿斑点，后发展为多角形或不规则形的黄褐色病斑。湿度大时，在叶背面长出白色霉层（彩图 33）。病重时，病斑连片，造成叶片变黄、干枯。

（2）病原和发生条件　该病由真菌鞭毛菌亚门寄生霜霉菌（*Peronospora parasitica*）侵染所致。经风雨传播蔓延，先侵染普通白菜或其他十字花科蔬菜；此外，病菌还可附着在种子上越冬，播种带菌种子直接侵染幼苗，引起苗期发病，病菌在菜株病部越冬。

发生条件：病菌喜温暖高湿环境。适宜发病温度 7～28℃，最适发病温度为 20～24℃，相对湿度 90％以上。多雨、多雾或田间积水发病较重，栽培上多年连作、播种期过早、氮肥偏多、种植过密、通风透光差，发病重。

（3）防治方法

①农业防治。

a. 选择抗病品种。因地制宜选用抗病品种。

b. 轮作。重病地与非十字花科蔬菜两年轮作。

c. 栽培管理。提倡深沟高畦，密度适宜，及时清理水沟保持排灌畅通，施足有机肥，适当增施磷钾肥，促进植株生长健壮。

②化学防治。

a. 种子处理。用种子重量的 0.3％的 40％乙膦铝可湿性粉剂或 75％百菌清可湿性粉剂拌种。

b. 药剂防治。在发病初期，每隔 7～10 天防治 1 次，连续用药防治 3～4 次；中等至中偏重发生年份，每隔 5～7 天防治 1 次，连续用药防治 4～6 次。可选用 25％甲霜灵可湿性粉剂 600 倍液，或 70％代森锌可湿性粉剂 600 倍液，或 40％乙膦铝可湿性粉剂 400 倍液等喷雾防治。防治时注意合理交替使用，最后一次喷药至收获严格根据国家有关农药安全间隔期规定进行。

2. 萝卜黑腐病

（1）症状　萝卜黑腐病俗称黑心、烂心；萝卜根内部变黑，失去商品性。生长期和贮藏期均可为害，能造成很大损失。主要为害叶和根，幼苗期发病子叶呈水浸状，根髓变黑腐烂。叶片发病，叶缘多处产生黄色斑，后变"V"形向内发展，叶脉变黑呈网纹状，

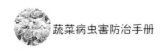

逐渐整叶变黄干枯。病菌沿叶脉和维管束向短缩茎和根部发展，最后使全株叶片变黄枯死。萝卜肉质根受浸染后，透过日光可看到暗灰色病变；横切萝卜可看到维管束呈放射线状、黑褐色；重者呈干缩空洞，维管束溢出菌脓，这一点与缺硼引起的生理性变黑不同。

（2）发病条件　病原为野油菜黄单胞杆菌野油菜黑腐病致病型（*Xanthomonas campestris* pv. *campestris*）属细菌。寄主为萝卜、白菜类蔬菜、甘蓝类等多种十字花蔬菜。

平均气温15℃时开始发病，15～28℃发病重，气温低于8℃停止发病，降雨20毫米以上发病呈上升趋势，光照少发病重。此外，肥水管理不当，植株徒长或早衰，寄主处于感病阶段，害虫猖獗或暴风雨频繁发病重。

（3）防治方法

①农业防治。

a. 播种前或收获后，清除田间及四周杂草和农作物病残体。集中烧毁或沤肥；深翻地灭茬，促使病残体分解，减少病原和虫原。

b. 和非本科作物轮作，水旱轮作最好。

c. 选用抗病品种。选用无病、包衣的种子，如未包衣则种子须用拌种剂或浸种剂灭菌。

d. 适时早播。早间苗、早培土、早施肥，及时中耕培土，培育壮苗。

e. 选用排灌方便的田块。开好排水沟，降低地下水位，达到雨停无积水；大雨过后及时清理沟系，防止湿气滞留，降低田间湿度，这是防病的重要措施。

f. 土壤病菌多或地下害虫严重的田块，在播种前撒施或沟施灭菌杀虫的药土。

g. 施用酵素菌沤制的堆肥或腐熟的有机肥，不用带菌肥料。施用的有机肥不得含有植物病残体。

h. 采用测土配方施肥技术，适当增施磷、钾肥。加强田间管理，培育壮苗，增强植株抗病力，有利于减轻病害。

i. 及时防治黄条跳甲、蚜虫等害虫。减少植株伤口，减少病菌传播途径；发病时及时清除病叶、病株，并带出田外烧毁，病穴施药或生石灰。

j. 高温干旱时应科学灌水，以提高田间湿度，减轻蚜虫为害与传毒。严禁连续灌水和大水漫灌。

②物理防治。52℃温水浸种20分钟后播种，可杀死种子上的病菌。

③生物防治。

a. 种子灭菌。用3％中生菌素（农抗751）可湿性粉剂100倍液15毫升浸拌20千克种子，吸附后阴干播种。

b. 喷施用药。72％农用链霉素可溶性粉剂3 000倍液、3％中生菌素（农抗751）可湿性粉剂500倍液、1％中生菌素（农抗751）水剂1 500倍液、90％新植霉素可湿性粉剂3 000倍液。

④化学防治。

a. 拌种剂。用50％琥胶肥酸铜可湿性粉剂按种子重量的0.4％拌种，可预防苗期黑腐病的发生。

b. 播种后用药土覆盖。易发病地区，在幼苗封行前喷施一次除虫灭菌剂，这是防病的关键。

c. 喷施用药。72％农用链霉素3 000倍液，或50％代森铵水剂600倍液，或12％松脂酸铜乳油600倍液。特别注意的是，一定要在采收前7～10天停止用药。

3. 萝卜软腐病

（1）症状　主要为害根、短茎、叶柄及叶。根部多从根尖开始发病，出现油渍状的褐色病斑，发展后使根变软腐烂，继而向上蔓延使心叶变黑褐色软腐，烂成黏滑的稀泥状；肉质根在贮藏期染病亦会使部分或全部变黑褐软腐；采种株染病常使髓部溃烂变空。植株所有发病部位除黏滑烂泥状外，均发出一股难闻的臭味。

（2）病原及发病条件　萝卜软腐病致病菌属欧氏杆菌胡萝卜软

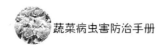

腐致病型（*Erwinia carotovora* subsp. *carotovora*）细菌。

软腐病菌喜高温、高湿条件。雨水过多，灌水过度，易于发病。连作地、前茬病重、土壤存菌多；或地势低洼积水，排水不良；或土质黏重，土壤偏酸；氮肥施用过多，栽培过密，株、行间郁闭，通风透光差；育苗用的营养土带菌、有机肥没有充分腐熟或带菌；早春多雨或霉雨来早、气候温暖空气湿度大；秋季多雨、多雾、重露或寒流来早时易发病。

（3）防治方法　参考细菌病害的萝卜黑腐病。

（二）胡萝卜黑斑病

近年来胡萝卜黑斑病为害严重，所以说菜农朋友们在日常生活中，应该多多注意预防胡萝卜黑斑病发生。

1. 症状

茎、叶、叶柄均可染病。叶片受害多从叶尖或叶缘侵入，出现不规则形深褐色至黑色斑，周围组织略褪色，湿度大时病斑上长出黑色霉层，发生严重时，病斑融合，叶缘上卷，叶片早枯（彩图34）。茎染病，病斑长圆形黑褐色，稍凹陷。

2. 病原及发生条件

胡萝卜链格孢（*Alternaria dauci*），属半知菌亚门真菌。分生孢子梗短且色深，倒棍棒形，多具短喙，具横隔1～8个，纵隔1～3个。

以菌丝或分生孢子在种子或病残体上越冬，成为翌年初侵染源。通过气流传播蔓延。雨季，植株长势弱发病重，发病后遇天气干旱利于症状显现。

3. 防治方法

（1）农业防治　①健康植株上采集种子。从无病株上采种，做到单收单藏。②轮作。实行2年以上轮作。③增施底肥。增加有机质肥料投入，平衡营养及疏松土壤。④种子消毒。播种前用种子重量0.3％的50％福美双可湿性粉剂，或40％拌种双粉剂拌种；或1％双氧水浸泡种子20～30分钟，结合种皮处理促进发芽进行。

（2）化学防治　发病初期，使用70％代森锰锌可湿性粉剂500倍液，或50％异菌脲可湿性粉剂1 000倍液，或10％苯醚甲环唑水分散粒剂1 500倍液喷雾，间隔10天左右1次，连续防治3～4次。

（三）马铃薯疮痂病

马铃薯属茄科多年生草本植物，块茎可供食用，是全球第四大重要的粮食作物。马铃薯不但有很高的食用价值，还有药用价值。

1. 症状

马铃薯块茎表面先产生褐色小点，扩大后形成褐色圆形或不规则形大斑块。因产生大量木栓化细胞致表面粗糙，后期中央稍凹陷或凸起呈疮痂状硬斑块（彩图35）。病斑仅限于皮部，不深入薯内，别于粉痂病。

2. 病原及发病条件

马铃薯疮痂病的病原隶属放线菌门链霉菌属，目前我国已发现的病原菌包括疮痂链霉菌（*Streptomyces scabies*）、酸疮痂链霉菌（*S. acidiscabies*）、肿脓疮痂链霉菌（*S. turgidiscabies*）等。病菌革兰氏染色阳性。

病菌主要在土壤、病薯及病残体上越冬。适合该病发生的温度为20～30℃，中性或微碱性沙壤土发病重，pH5.0以下很少发病。品种间抗病性有差异，白色薄皮品种易感病，褐色厚皮品种较抗病。

病菌在病薯和土壤中越冬。病菌从薯块皮孔及伤口侵入，开始在薯块表面生褐色小斑点，以后扩大或合并成褐色病斑。病斑中央凹入，边缘凸起，表面显著粗糙，呈疮痂状。在中性或微碱性沙土中容易发病。一般在高温干旱条件下发病较重。

3. 防治方法

（1）选用抗病和无病种薯　一定不要从病区调种。种薯可用0.1％对苯二酚浸泡30分钟，或用0.2％甲醛溶液浸泡10～15分钟。

（2）施用有机质肥料　多施有机肥或绿肥，可抑制发病。

（3）轮作　与葫芦科、豆科、百合科蔬菜进行 5 年以上轮作。

（4）加强肥水管理　选择保水好的菜地种植，结薯期遇干旱应及时浇水。

（5）杀菌剂灌根　用春雷霉素、中生菌素、叶枯唑、噻唑锌、壬菌铜、喹啉铜等药剂灌根防治

（四）芦笋茎枯病

芦笋茎枯病是一种毁灭性病害，被称为"芦笋癌症"。我国各芦笋产区几乎都有发生。轻时植株零星枯死，产量减少；重时全田毁灭，产量绝收，给广大笋农造成巨大损失。

1. 症状

芦笋茎枯病主要为害茎、侧枝。开始在茎上出现水浸状斑点，扩大成梭形或线形暗褐色斑，最后呈长纺锤形或椭圆形，中央赤褐色，凹陷，其上散生许多黑色小粒点，病斑绕茎一周后，病部以上的茎叶干枯，严重地块，似火烧状（彩图 36）。

芦笋茎枯病的症状主要表现在茎、侧枝或叶子上。发病初期病原菌感染植株，形成纺锤形的深棕色的伤痕，病斑梭形或短线形，周围是亲水的边缘，呈现水肿状。随后病斑伤痕不规则地扩展开来，逐渐扩大，中心部凹陷，呈赤褐色，斑块最后变成灰白色，其上着生许多小黑点，即病菌的分生孢子器。待病斑绕茎一周时，被侵染的茎、枝便干枯死亡。病茎感病部位易折断（彩图 37）。在雨季，从成熟的分生孢子器上放出的器孢子被雨水冲出，对紧靠土壤的芦笋茎基部造成继发性感染。由于器孢子的大规模感染，整个茎的基部马上就布满了伤痕。患病的植株一下子就突然变黄枯萎、死亡。

2. 病原及发病条件

茎枯病的病原菌为天门冬拟茎点霉（*Phomopsis asparagi* Sacc.）。茎枯病的大量发生要有几个条件，大量的病原菌是发病的首要条件；病原菌的侵染和传播需要湿度，包括降雨和浇水；另外空气流通情况和温度高低对病原菌的侵染和传播影响很大；最后病

原菌的侵染的最初载体是大量的芦笋嫩茎和实生幼苗。这几个因素组合在一起，茎枯病就会大量发生。

（1）抗性差、面积大 芦笋栽培的主要品种都不是一代品种，占总面积80%，抗病性能逐年降低，一旦环境适宜，将大面积发病。

（2）环境条件好利发病 病菌生长的温度范围是16～35℃，适温23～26℃。在35℃以上或10℃以下，分生孢子不萌发。春季气温的高低与发病早晚密切相关。尤其是7～9月高温高湿，正是芦笋营养生长阶段，也是病菌侵染传播高峰期。病株率基本是随降雨次数的增加而增加，每次雨后10天，田间就出现一次发病高峰。

（3）重施氮肥，轻施磷钾 氮肥用量过多，营养生长过旺，大部分笋农为追求眼前利益，重施氮肥或只施氮肥，使笋株生长茂密，茎秆细胞壁嫩而薄，病菌极易入侵。据调查施氮、磷、钾三元素复合肥，发病株率仅占10%，仅施尿素，发病株率占58%。

（4）清不净发病重 多数农户都及时清园，但仍有部分农户不清园或清园不彻底，不及时。据调查铲除芦笋枯枝，并清出地外烧毁，真正做到了彻底清园，第二年发病仅占5%。春季3月封垄前才清园的，发病株率为58%。

4. 发病规律

病原菌以分生孢子或菌丝在病残株上或土中越冬。来年再由孢子器中飞出分生孢子通过雨水和耕作工具等多种传播途径，初次侵害嫩茎以后从成熟的分生孢子器中放出的孢子被雨水冲出，借气流及雨水反溅，对芦笋茎基部造成继发性感染。病菌于茎幼嫩时最易入侵，一般在嫩茎长出10天感染率最高。

在芦笋整个生长季节，浸染周期平均10～12天，病菌可进行10多次反复侵染病害在一年中消长可分两个阶段：一是病害扩展期，即开始发病的30～40天。此期病株率尚低，病情发展缓慢；二是病害严重期，即发病40天以后。田间病株率达40%以上，此期约从7月下旬或8月开始，同时笋丛逐渐变密，加上雨季来临，

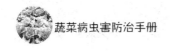

给病害发生创造了非常有利的条件，因而压低前期病情，对控制后期发病有很大作用。

5. 防治方法

必须坚持"以防为主、综合防治"的原则。从切断发病的几个条件入手，能取得良好的防病效果。防治芦笋茎枯病最廉价的方法是选用抗病品种，芦笋品种间对茎枯病的抗性差异较大，F1 代杂交种比 F2 代种子抗病性好得多。因此种植芦笋时要注意选用抗性较强的品种，如 Grande、Jersey Giant、Apollo 等 F1 代杂交种。对于已发病的笋田应该做好以下几点：

（1）农业防治方法

①减少病原菌。一般来说新笋田发病较轻，老笋田菌源基数大，发病早而重。新笋田的病菌主要有两个来源，一是种子带菌；二是老笋区的病菌随风或雨水传播而来。因此保持芦笋田间的清洁卫生，去除田间老的茎梗和患病的植株，并将病株迅速晒干、烧毁，对于减少病原菌来说是十分重要的。

已感染了茎枯病的地块，要特别注意冬季的清园和根茬灭菌。由于茎枯病病原菌能在病残株上越冬，成为翌年的初侵染菌源，因此，为了减少病源，冬季清园时，一定要彻底清理干净，将病枝落叶清除出笋田，晾干并集中烧掉。清园最好提前到 11 月底进行，结束后再用 0.4% 波尔多液（即 0.2 千克硫酸铜＋0.2 千克生石灰＋50 千克水）进行土壤消毒。

②搞好夏季笋田的管理。减少发病因素，雨季要注意排涝，防止大田积水。要适时中耕除草并及时清除病茎，控制笋田的母茎留量，一般 1.2 茎粗的母茎每 15 米^2 不超过 120 个，多余的要疏掉。

定植后第二年的笋田切忌套种其他作物，以防田间郁蔽、通风、透光不良。合理调整采收期，使嫩茎大量出土与梅雨期错开，多余的或病劣嫩茎应及时拔除，从而减轻病菌感染和推迟发病。

③合理施肥。要重视有机肥和适量钾、磷肥的施入，控制氮肥

施用量，促使植株健壮生长，提高抗病能力。据我们多年试验，增施钾肥和钼肥，对增强寄主抗病性和提高产量有显著作用。

（2）化学防治　药剂防治应贯彻"防重于治"的原则，嫩茎抽发后要及时喷药，才能收到良好效果。

喷药一定要均匀，以喷洒嫩茎、茎枝为主，切不可只喷枝叶。发病初期5～7天喷一次，发病高峰期1～3天喷一遍。喷药后4小时内遇雨，应重喷。为避免产生抗药性，可选用2～3种药剂轮换使用。防治茎枯病的常用药剂有：咪鲜胺、苯醚甲环唑、嘧菌酯、氟环唑、戊唑醇；施用期间间隔7～14天。

（五）莲藕常见病害

莲藕是一种高产高效的水生蔬菜，我地栽培面积逐年扩大。近几年来，莲藕病害发生日趋严重，已成为发展莲藕生产的一大障碍。

1. 莲藕常见病害种类

（1）莲藕腐败病　又名黑根病、藕瘟。是莲藕生产上的第一大病害，一般在耕作层浅和水浅的老藕田及连作田易发病。它是由藕球茎状镰状菌侵染后所致的莲藕病害，主要为害地下茎、地上部叶片和叶面。病茎抽生的叶片、色泽淡绿，从叶缘开始发生褐色干枯，叶柄最后枯死（彩图38）。病菌多从伤口、吸收根或生长点侵入，病菌随流水灌溉传播。

（2）莲藕叶枯病　是莲藕上的第二大病害，病原是单丝壳属的病原真菌。主要为害荷叶，荷叶边缘先出现淡黄色的病斑，后逐渐向叶片中间扩展，呈黄褐色，最后从叶肉扩及到叶脉，直至全叶枯死。高温多雨，有利发病，藕田肥力不足，病害严重。

（3）莲藕叶斑病　主要为害叶片，叶柄上有时也可发生，是由棒束孢属的病原真菌为害所致。

（4）莲藕炭疽病

症状：莲藕炭疽病主要为害叶片，叶片发病呈圆形至不规则形褐色至红褐色小斑，病斑中部褐色至灰褐色稍下陷。在叶柄上，多

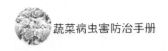

表现近梭形或短条状稍凹陷的褐色至红褐色斑块。

病原及发生条件：病原菌属于半知菌亚门，胶胞炭疽菌类真菌。病菌以菌丝体和分生孢子盘随病残体遗落在藕塘中存活越冬，也可在田间病株上越冬。病菌分生孢子盘上产生的分生孢子借助风雨传播，进行初侵染与再侵染。雨水频繁的年份和季节有利于发病，氮肥偏施过施，植株体内游离氨态氮过多，抗病力降低而易感病。

2. 莲藕病害的综合防治

（1）实行 2～3 年轮作　　特别是水旱轮作对减轻病害有重要作用。

（2）选用无病种藕栽种　　种藕带菌是腐败病发病的主要菌源。预防该病，关键要从无病藕田选择健株作种藕，杜绝菌源；在植藕前，种藕用 70％甲基硫菌灵 800 倍液，或 75％百菌清可湿性粉剂 800 倍液喷雾后，用塑料薄膜覆盖密封闷种 24 小时，晾干后播种。

（3）清除病株　　彻底清除发病藕田病株及病残体，并深埋或集中烧毁。植前每亩施生石灰 50～100 千克，既杀菌清洁田园，又可加速有机肥的分解。

（4）合理施肥　　基肥应以有机肥为主，肥料必须充分腐熟。对土壤酸性重、还原性强的土壤中，宜重施石灰，石灰要早施、多施。生长期间注意氮、磷肥的配合施用，有条件地方应增施硅质肥，提倡补施硼、锌、钼等微肥，切勿偏施化学氮肥，以提高植株抗病能力。

（5）科学管水　　生病期深水灌溉，降低地温抑制病菌繁殖。留种莲田每天保持深水浸泡，切勿排干水和冬翻晒垡。非留种田在采完莲子后一律砍伐荷梗翻耕或挖藕，最好栽上一季冬作物。不种冬作物的也要翻耕灌水浸田，减少土壤及病残体的带菌。

（6）及时用药防治　　发病初期用 70％甲基硫菌灵可湿性粉剂 1 000 倍液；病情严重时使用 20％唑菌胺酯水分散粒剂 1 000 倍液＋25％噻菌酯悬浮剂 1 500 倍液；或 20％苯醚·咪鲜胺微乳剂

2 500倍液。

也可用上述混合药粉 500 克拌细土 25～30 千克，堆闷 3～4 小时后撒入浅水层莲藕下，能有效地减轻或控制病害的蔓延。

六、葱蒜类蔬菜病害

（一）大葱（洋葱）紫斑病

紫斑病又称黑斑病，是葱类蔬菜常见病害。主要为害大葱和圆葱，也可侵染大蒜和韭菜等。各地均有发生，一般为害不严重，但多雨年份发病较重，可造成较大损失。

1. 症状

葱类紫斑病主要为害叶片、花梗，在贮藏和运输期间，也可侵染鳞茎。叶片及花梗受害，常多从叶片或花梗中部发生，数日后即可蔓延到下部。初为白色、稍凹陷、中央微紫色的小斑点，扩大后病斑呈椭圆形或纺锤形。色泽及大小因寄主种类不同而异（彩图 39）。

大葱和圆葱的病斑呈紫褐色，大小为 2～4 厘米×1～3 厘米；大蒜的病斑呈黄褐色，大小为 1～2 厘米×0.5～1.5 厘米，湿度大时，病部产生褐色至黑色霉状物，即病菌的分生孢子梗及分生孢子，常排列成同心轮纹状，病斑继续扩大，多数病斑愈合成长条状大斑，致使病部以上叶片或花梗枯死，如病斑包围叶片或花梗，叶片或花梗多易从病部倒折，导致种子发育不良或皱瘪。

圆葱鳞茎收获后，病菌从鳞茎部侵入，病部软腐状，呈黄色或红色，渐变为褐色或黑色，在贮藏期可继续发生，使鳞茎腐烂。

2. 发生条件

葱类紫斑病是由真菌侵染引起的。发育的适温为 22～30℃，分生孢子萌发适温为 24～26℃。分生孢子的产生萌发和侵入均需在有雨露的条件下进行。葱紫斑病菌以菌丝潜伏在寄主体内或种苗上越冬，分生孢子在病残体也能越冬，越冬菌丝来年可产生新的分生孢子，成为初侵染源。分生孢子借雨水和气流传播，分生孢子萌

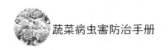
发生出芽管，从气孔或伤口侵入，也可直接穿透表皮侵入，在适宜温度下，潜育期为4～5天。

湿度大时病部长满深褐色或黑灰色霉粉状物，常排列成同心轮纹状。病斑继续扩展，数个病斑交接形成长条形大斑，使叶片和花梗枯死或折断。花梗受害后，常造成种子皱缩，不能充分成熟而影响采种。

病害在温暖多湿的条件下易发生，雨水多、结露时间长则流行加速，发病重；连作地、排水不良的田块发病较早较重；播种过早、种植过密、管理粗放、通风透光差、缺肥、葱蓟马为害重的田块发病也重。

3. 防治方法

（1）农业防治　①实行轮作。与非百合科类作物实行2～3年轮作。②选用无病种子。选用无病种子或种子消毒。在无病或发病轻微的地里留种。种子消毒用40％福尔马林300倍液，浸种3小时，到时用清水洗净备用。圆葱鳞茎消毒用40～50℃温水，浸泡90分钟即可。③加强田间管理。选择地势平坦、排水方便的壤土种植要施足底肥，增加磷、钾肥。经常检查病害发生、发展情况，及时拔除病株或摘除老叶、病叶、病花梗，并将其深埋或烧毁，收获后及时清除病残体并深耕。

（2）化学防治　发病初期，选用25％嘧菌酯悬浮剂1 000倍液、70％代森锰锌可湿性粉剂500倍液、72％霜脲·锰锌可湿性粉剂800倍液、或70％丙森锌可湿性粉剂600倍液等喷雾或灌根。

（3）适时收获，低温贮藏　圆葱宜在葱头顶部成熟后收获，收后适当晾晒，待鳞茎叶部干燥并挑选后贮藏。贮藏期间应保证低温（0℃）和较低的湿度（相对湿度65％以下）同时注意通风排湿。

（二）洋葱（大葱）霜霉病

洋葱霜霉病是洋葱、大葱上的重要病害。除为害洋葱、大葱之外，还为害大蒜、韭菜等其他经济作物。发病严重时常造成花梗软化、植株枯死,直接影响产量。

1. 症状

(1) 叶片染病 黄白色的病斑,呈纺锤形或椭圆形;其上产生白霉(孢子囊及孢子梗),后变暗紫色。若在叶的中下部感病,则在感病部的上部叶片干枯死亡(彩图 40)。

(2) 花梗染病 初呈黄白色纺锤形或椭圆形病斑,湿度大时病部能长出大量白色霉状物(孢子囊及孢子梗),严重时花梗病部软化易折断。

(3) 基部染病 能使病株矮缩,叶畸形或扭曲,湿度大时病部能长出大量白色霉状物(孢子囊及孢子梗)。制种田冬前常见,叶片扭曲。

寄主上南方以洋葱为主,北方以大葱为主。该病主要为害叶、花梗,有时发展到鳞茎。

2. 病原及发生条件

(1) 病原 鞭毛菌亚门叉梗霜霉属葱霜霉菌侵染引起。病菌主要以菌丝体在鳞茎内越冬,也能以卵孢子随病残体在土壤中越冬,还可以菌丝体在种子上越冬。

(2) 发生条件 翌年春天条件适宜时萌发,通过气流传播、雨水反溅传至寄主植物,经表皮直接侵入,引起初次侵染。病部产生的孢子囊、游动孢子借雨水溅射、气流、昆虫传播,从气孔侵入引起多次侵染。

①病菌喜温暖、高湿环境。发病最适宜的环境条件为温度13～25℃,相对湿度90％以上。浙江及长江中下游地区葱霜霉病的主要发病盛期为春季3～5月,秋季9～11月。葱霜霉病感病生育期为成株期至采收期。②地势低洼、排水不良、土质黏重、过度密植或连作的田块发病重。早春、梅雨期间及秋季雨水多的年份发病重。

3. 防治方法

(1) 选用抗病品种 如洋葱,红皮品种抗病,其次为黄皮,而白皮品种感病。

（2）选用无病种与种子处理　从无病田或无病株上采种，或用50℃温水浸种 25 分钟，在冷水中冷却后播种或用种子重量 0.3% 的 25%甲霜灵拌种。

（3）科学选地　选择地势高或排水方便的地块种植，并与非葱类植物实行 2～3 年轮作。

（4）清洁田园　及时清理病株、病叶，并要求带出田间集中销毁。

（5）化学防治　选用吡唑醚菌酯、嘧菌酯、霜霉威、烯酰吗啉等药剂。

（三）洋葱生理性病害

洋葱在生产上常因品种选择不当，种子质量不合格，栽培技术不合理以及受自然灾害等的影响，导致产量低、质量差（不合商品质量要求）。为了确保洋葱的正常生产，减少损失，种植过程中洋葱常见问题及解决办法介绍如下：

1. 未熟抽薹

本来洋葱抽薹开花是正常现象，但由于我们栽培的目的是要获得地下鳞茎（即葱头），如果洋葱生长后期不坐头或只长很小的葱头就抽薹称为未熟抽薹（彩图 41）。洋葱是绿体春化作物，只有幼苗长到 0.7 厘米以上时遇到 3～5℃的低温，经过一段时间后才会抽薹。这种条件下不同品种、不同地区之间差异较大，加上栽培技术不当就容易出现未熟抽薹。防治的措施：

（1）选择适宜的品种　新品种必须先引种试种再示范推广，而且要从正规渠道向信誉好的单位购种。根据当地气候分区，选择长日照、中日照、短日照类型的洋葱品种。

（2）掌握适宜的播期　连云港地区洋葱种植，白露节气播种比较适宜。如果秋播过早，越冬时长，成为大苗就很容易通过春化大量未熟抽薹。当然在生产实践中一块田内一株不抽薹也不可能，一般抽薹率在 10%以内或者结了葱头又抽薹均属正常现象。

（3）加强肥水管理　注意有机肥投入，平衡氮肥、磷肥、钾肥使用。苗期氮肥不宜过多，否则秧苗生长过旺，遇到低温时容易通过春化而抽薹。立春以后又要及时追肥灌水，促进生长，否则植株营养生长不足，也容易抽薹。

（4）适时摘除花序　如发现抽薹株，可人工摘除花序以免消耗养分，不要摘着葱管，以防雨水病菌侵入引起腐烂。

2. 发杈、分球

一般洋葱很少分蘖，一株结一个葱球，但如果定植大苗、徒长苗、分蘖苗，成活以后很可能出现分杈，这些分蘖苗将来也会结球，形成2～3个较小的洋葱，降低商品率。也可能种子不纯，其中杂有分蘖洋葱，自然会出现分球。

防治方法：选用纯度高的种子，定植时淘汰徒长苗、分蘖苗及大苗，选择生长一致的壮苗，成活后出现的分杈苗可人为掰去留下一苗。

3. 裂球及变形球

洋葱鳞茎膨大结束，如遇连续干旱，突然降雨或灌水，细胞组织吸水膨胀产生外力而出现开裂。因此洋葱成熟时要及时采收，采收前禁止灌水，雨后及时排水。栽植过深，地温偏低，到后期不"倒苗"又出现"返青"的植株，多容易产生变形球。因此定植不宜过深，不倒的苗可人工"倒苗"抑制其生长。

4. 大脖子葱

标准的葱头采收时地上假茎已干缩变细，商品性好，耐贮运。如果葱头小，假茎粗；叶片多，营养生长过旺，商品性差，不易倒苗，也不耐贮运。主要是氮肥施用过多，延迟成熟期，应控制氮肥增施磷、钾肥。此外缺钙的土壤容易出现枯叶，缺硼会出现黄化现象，所以应适当增施钙、硼肥。

（四）大蒜叶枯病

大蒜叶枯病是大蒜上常见的病害之一，各菜区均有不同程度发生，主要为害露地栽培的大蒜。发病严重时常造成病叶枯死、植株早衰、蒜头减产、蒜薹霉烂，直接影响产量。

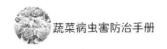

1. 症状

主要为害叶或花梗。叶片染病多始于叶尖或叶的其他部位，初呈花白色小圆点，扩大后成不规则形或椭圆形，灰白色或灰褐色病斑，其上生出黑色霉状物（即为病菌分生孢子梗及分生孢子），严重时病叶枯死（彩图42）。染病花梗易自病部折断，后期病部散生许多黑色小粒点，为害严重时不能正常抽薹。

2. 病原及发生条件

病原：此病由子囊菌亚门枯叶格孢腔菌（*Pleospora herbarum*）侵染所致。在春播大蒜栽培区，病菌主要以菌丝体或子囊壳随病残体遗落至土中越冬，翌年产生子囊孢子引起初侵染，后病部产生分生孢子随气流和雨滴飞溅进行再侵染。秋播大蒜出苗后，病残体上产生的分生孢子随气流、雨滴飞溅传播，降落在蒜叶上，引起侵染发病。病菌该菌为弱寄生菌，常伴随霜霉病或紫斑病混合发生。

发生条件：病菌对温度的适应性较强，但需要较高的湿度。降雨和田间高湿是病害流行的必要条件。浙江及长江中下游地区大蒜叶枯病的主要发病盛期在梅雨季节。大蒜病感病生育期在成株期。一般在地势低洼、排水不畅、偏施氮肥、葱蒜类蔬菜混作、植株受伤、植株生长瘦弱和连作的田块发病重。年度间梅雨季节或秋季多雾、多雨的年份发病重。

3. 防治方法

（1）农业防治

①选用抗病品种。根据消费习惯和市场需求选用抗病品种。

②加强田间管理。合理密植；雨后及时排水，提高寄主抗病能力；及时清除被害叶和花梗。

（2）化学防治　在发病初期开始喷药保护。药剂可选用50%扑海因可湿性粉剂1 000～1 500倍液，或64%杀毒矾可湿性粉剂500倍液，或10%苯醚甲环唑水分散粒剂1 000倍液，或40%咪鲜胺乳油1 000倍液，喷雾防治。每隔7～10天1次，连用2～3次，具体视病情发展而定。

（五）韭菜灰霉病

韭菜灰霉病又称白色斑点病是韭菜的最主要病害，在保护地和露地栽培过程中均可发生。露地仅限于深秋和春季发生，保护地内则秋、冬、春均可发病，为害时间长达 5～6 个月，以春季发病最为严重，3～4 月为韭菜灰霉病的发生高峰。

在棚室条件下，一般从韭菜收割前 7 天左右开始发病，从初见侵染点到点片发生只需一昼夜，从点片发生到整棚暴发流行只需 2～3 天。

1. 症状

主要为害叶片。田间可见三种不同症状表现：分为白点型、干尖型和湿腐型。

①白点型。初时在叶片上散生白色至浅灰褐色小斑点，一般正面多于叶背面，斑点扩大后呈椭圆形至梭形。潮湿时病斑表面产生稀疏的灰色霉层（彩图 43）。严重时，病斑融合成大片枯死斑，可扩及半叶或全叶，至枯死。

②干尖型。由割茬的刀口处向下腐烂，初时水浸状，后变乌绿色或淡绿色，并有褐色轮纹。病斑多呈半圆形至 V 形，以后向下发展 2～3 厘米，病叶黄褐色，最终全叶烂光，湿度大时，病部表面密生灰褐或灰绿色茸毛状霉层。

③湿腐型。从叶尖、叶鞘开始变黄褐色，迅速扩展至半叶或全叶发病腐烂。大流行时或韭菜的贮运中，病叶出现湿腐型症状，完全湿软腐烂，其表面产生灰霉。

2. 发生条件

该病病菌喜冷凉高湿环境，感病生育期在成株期，发病最适气候条件为温度 15～21℃，相对湿度 80％以上。浙江及长江中下游地区露地栽培韭菜灰霉病的主要发病盛期为春季 3～5 月。

3. 防治方法

（1）农业防治

①选用抗病品种。与非韭菜、葱蒜类蔬菜轮作。韭菜定植后收

获年限不要超过 3 年。扣棚韭菜一般要收割 3 次，每割一次，都要及时清洁田园。

②保护地栽培注意通风降湿。可在上午放风排湿，后闭棚增温到 32～35℃，此温度不利于病菌发生发展；下午放风降温，夜间闭棚保持稍高温度，降低相对湿度。放风要由小到大，闭风要由大到小，通风量依长势而定，严禁放底风；选用无滴塑料薄膜覆盖，减轻滴水下落到韭菜叶片上。

③适当控制灌水。灌水时不宜大水漫灌，最好采用滴灌或膜下灌水。外面温度低时，做好增温保温工作，减少棚内昼夜温差，控制叶面结露。每亩施草木灰 800 千克左右、生石灰 100 千克，翻入土中，做畦浇水，覆盖塑料膜，盖严，保持 10～15 天。

④在晴好的天气下温室大棚中 20 厘米土层温度可达 52℃以上，3～5 天后就可杀死土壤中病原。每次收割后病株清除到田外深埋或烧毁，减少病源。割韭菜后要及时喷药，防止刀口侵染。

（2）物理防治　最好使用无滴膜或紫外线阻断膜，由于缺少紫外线刺激，分生孢子不能发芽，发病明显减轻。

（3）药剂防治

①烟熏和喷粉。保护地栽培最好采用烟雾法或粉尘法，可减轻棚室内湿度。使用 15％腐霉利烟剂，或 15％多·霉威烟剂、45％百菌清烟剂、3.3％噻菌灵烟熏剂，每亩 250 克，分放 4～5 个点。在傍晚从里向外逐一用暗火点燃，密闭棚室，熏 3～4 小时或一个晚上，隔 7 天熏 1 次，连熏 4～5 次。发病初期，还可喷撒 5％百菌清粉尘剂，或 5％福·异菌粉尘剂、5％灭霉灵粉尘剂、6.5％硫菌·霉威粉尘剂，傍晚进行，每亩每次喷 1 000 克，用喷粉器，喷头向上，喷在韭菜上面空间，让粉尘自然飘落在韭菜上，每隔 7 天喷 1 次，连喷 4～5 次。

②毒土法。秋季扣膜后浇水前每亩用 65％甲硫·霉威可湿性粉剂 3 千克，拌细土 30～50 千克，均匀撒施，预防灰霉病发生。在冬、春季节的头刀韭菜株高 4～7 厘米时，或二刀韭菜在收割后 6～8 天，或发病初期及时用药防治。

③喷雾防治。可选用 50％异菌脲可湿性粉剂 1 000 倍液，或 40％嘧霉胺悬浮剂 800 倍液，45％噻菌灵悬浮剂 1 000 倍液＋70％代森锰锌可湿性粉剂 600 倍液、30％福·嘧霉可湿性粉剂 800 倍液＋75％百菌清可湿性粉剂 600 倍液等喷雾防治。一般间隔 7 天喷一次，病情加剧时 3～4 天喷 1 次，连喷 3～4 次。喷药时必须选晴天，遇到阴天或雨天不能喷药液，因为湿度增加会影响效果。

田间发病普遍时，可采用以下药剂防治：30％异菌脲·环己锌乳油 900 倍液、50％异菌脲悬浮剂 1 000 倍液＋25％啶菌噁唑乳油 1 000 倍液、40％嘧霉胺悬浮剂 1 000 倍液＋75％百菌清可湿性粉剂 600 倍液、均匀喷雾，视病情间隔 5～7 天喷 1 次。

（六）韭菜疫病

韭菜疫病是韭菜常见的病害之一，各菜区普遍发生，主要为害韭菜、葱类和大蒜等蔬菜。保护地栽培重于露地栽培。梅雨期长、雨量多的年份发生为害重。发病严重时常造成叶片枯萎，直接影响产量。

1. 症状

根、茎、叶、花薹等部位均可被害，尤以假茎和鳞茎受害重。叶片及花薹染病，多始于中下部，初呈暗绿色水浸状，长 5～50 毫米，有时扩展到叶片或花薹的一半，病部失水后明显缢缩，引起叶、薹下垂腐烂，湿度大时，病部产生稀疏白霉（孢子囊梗及孢子囊）（彩图 44）。假茎染病，水浸状浅褐色软腐，叶鞘易脱落，湿度大时，其上也长出白色稀疏霉层（即为病原菌的孢子囊梗和孢子囊）。鳞茎被害，根盘部呈水浸状，浅褐至暗褐色腐烂，纵切鳞茎内部组织呈浅褐色。鳞茎被害后影响植株的养分贮存，生长受抑，新生叶片纤弱。根部染病后变褐腐烂，根毛明显减少，影响水分吸收，大大缩短根的寿命。

2. 病原及发生条件

此病由真菌鞭毛菌亚门卵菌纲烟草疫霉菌（*Phytophthora nicotianae*）侵染所致。病菌主要以菌丝体、卵孢子及厚垣孢子随病

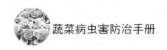

残体在土壤中越冬，翌年条件适宜时，产生孢子囊和游动孢子，借风雨或水流传播，萌发后以芽管的方式直接侵入寄主表皮。发病后湿度大时，又在病部产生孢子囊，借风雨传播蔓延，进行重复侵染。

病菌喜高温、高湿环境，发病最适气候条件为温度 25～32℃，相对湿度 90％以上。连云港地区露地栽培韭菜疫病的主要发病盛期 6～9 月。韭菜疫病的感病生育期在成株期至采收期。连作、田间积水、偏施氮肥、植株徒长、棚室通风不良的田块发病重。年度间梅雨期长、雨量多的年份发病重。

3. 防治方法

①轮作换茬。发病地与非葱蒜类蔬菜轮作 2～3 年，避免连年种植。

②清洁田园。韭菜收割后，及时清除病残体，并带出田间集中销毁，防止病菌蔓延。

③选用抗病品种。因地制宜选用抗病品种。

④加强栽培管理。选好田块，精细整地；深沟高畦、清沟排水；韭菜分苗时严格检查，不从病田取苗栽种；保护地要及时放风、降低棚内湿度。

⑤化学防治。在发病初期开始喷药保护。药剂可选用 22.5％甲霜·霜霉威可湿性粉剂 500 倍液，或 72.2％霜霉威盐酸盐水剂 800 倍液，或 58％甲霜锰锌可湿粉 600～800 倍液喷雾防治。每隔 7～10 天 1 次，连用 2～3 次，具体视病情发展而定。

第三章

设施蔬菜病害

连云港地区蔬菜生产设施主要以节能型日光温室和塑料大棚为主，设施蔬菜的病害逐年加重。实地调查结合资料查证，分析了设施蔬菜病害发生情况，采取无公害方法控制蔬菜病害的发生和发展，给出可供参考的合理防治策略。

一、设施蔬菜病害

（一）土传病害逐年加重

土传病害已上升为主要病害。瓜类枯萎病、蔓枯病，茄子黄萎病，番茄枯萎病、青枯病等病害在河南、山东、四川、陕西等省的部分地区连年严重发生。黄瓜、番茄、芹菜、草莓根结线虫病呈上升趋势，一般规律是从种植第2年开始偶有发生，5年左右迅速蔓延，程度加重。

如寿光市随机调查170栋大棚蔬菜，土传病害发生严重的占73.2%，其中根结线虫发生严重和较严重的大棚占42.5%。对济源市温棚蔬菜调查了2500栋，结果为每年都发生土传病害的占95%，其中根结线虫占35%。中等程度发生的占52.5%，严重发生的占23.4%。

（二）生理病害普遍发生

济源市调查日光温室蔬菜上，每年都发生生理性病害的占到调

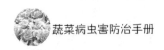

查数的 40％以上，曾经发生过的占到 70％以上。其中营养失衡原因占发病棚数的 63.2％；温度控制不适当造成高温、低温障碍的占到 27.5％。

（三）多种病害混合发生

低温高湿病害与高温高湿病害同时为害。低温高湿病害如灰霉病、菌核病，是冬春茬蔬菜的主要病害；早春季高温高湿病害如黄瓜霜霉病，番茄早疫病、晚疫病，茄子黄萎病等同时发生。秋冬季高温高湿病害如番茄叶霉病、早疫病、斑枯病，黄瓜蔓枯病等又常与低温高湿病害的灰霉病、菌核病混合发生。

细菌性病害与真菌性病害混合发生呈上升趋势。黄瓜上的角斑病、斑点病（圆斑病）、缘枯病、萎蔫病，番茄上的溃疡病、细菌性斑疹病，辣椒疮痂病，茄果类蔬菜的青枯病，芹菜、生菜软腐病等细菌性病害普遍发生，并逐年加重。在设施蔬菜生产中又经常是与真菌性病害混合发生，为正确诊断病害合理用药带来不便。

（四）偶发性病害变为重要病害

如辣（甜）椒疫病、根腐病已成为辣（甜）椒生产中的最重要病害；极少发生的芹菜枯萎病，近几年来发生面积也在逐年扩大；由大丽轮枝菌引起的番茄黄萎病及根腐病、茎基腐病等也频繁发生。由粉红单端孢引起的黄瓜红粉病，由鞑靼内丝白粉菌引起的番茄白粉病，茄子绒菌斑病，由丁香假单胞杆菌引起的番茄细菌性斑点病，由皱纹假单胞菌引起的番茄细菌性髓部坏死病等已经成为部分设施蔬菜生产区的严重障碍。

（五）常规真菌病害有效控制

霜霉病在瓜类、部分叶菜类上，灰霉病、白粉病在西葫芦、茄子、黄瓜等蔬菜作物上，番茄上的早疫病、晚疫病，茄子的褐纹病，西瓜叶枯病、芹菜斑枯病、叶斑病等病害，一直是生产中发生面积最广、为害最重的病害；随着一批高抗品种和防治效果好的新药出现，得到了有效控制，大面积流行发生情况减少。

二、设施蔬菜病害的防治

必须坚持"以防为主、综合防治"的原则。采取以抗病品种和培育无病壮苗为基础，综合运用栽培防治、生态防治、物理防治及化学防治等技术为手段。倡导菜农采用健身栽培法，提高蔬菜的自身抗病能力；准确、合理、适量运用高效安全的化学及生物农药进行防治。

根据现阶段设施蔬菜生产上病害的发生特点；生产单位综合防治现状，以化学农药防治为主，绿色防控措施应用较少；且普遍采用重治轻防策略；提出适合我地蔬菜病害的无公害控制策略。

（一）农业防治

1. 推广和采用保护地专用多抗新品种

我国目前已培育出不少的抗病性品种；高抗枯萎病、霜霉病的黄瓜品种（如豫艺全盛），抗根结线虫、抗叶霉病、抗疫病的番茄品种（如豫艺新星 2 号），抗黄萎病的茄子品种，高抗疫病的辣椒品种（如豫艺农研 19），都已经在生产中投入应用。这些品种兼具耐低温、弱光等优点，在生产中可作为优先推广品种。

2. 推广换根嫁接技术

在黄瓜、西瓜、甜瓜、茄子、番茄种植上，要加大推广抗病砧木及嫁接技术力度，达到控病增产的目的。

3. 推广合理轮作技术

与葱茬和蒜茬轮作能够减轻果菜类真菌、细菌和线虫病害。河南部分地区推广冬春茬蔬菜与大葱或生姜轮作方式，明显减轻了枯萎病等土传病害的发生。种植短季速生性蔬菜如菠菜、小白菜等，收获时根内的线虫被带出土壤，减少下茬线虫基数，为防止病害发生起到了良好作用。

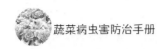

4. 应用太阳能（生物能）或石灰氮土壤消毒技术作好土壤消毒

太阳能（生物能）土壤消毒技术是在棚室中，夏季高温休闲季节利用太阳能高温闷棚，使棚内土壤 20 厘米温度达到 45℃以上，维持 10～15 天。每亩投入秸秆 1 000 千克，粉碎 3～5 厘米规格；鸡粪等有机质肥料 1 000 千克，混合耕作层；密闭覆膜，保水 3～7 天；进行土壤消毒。

石灰氮土壤消毒技术：6 月下旬至 7 月下旬，在前茬作物拔秧后，随即每 667 平方米均匀撒施石灰氮（氰氨化钙，商品名土壤净化剂）80～100 千克，混入适量（500 千克以上，粉碎 3～5 厘米）的秸秆，翻人土壤中；灌透水并保持 3 天；地表覆膜密闭熏蒸。对棚室进行高温闷棚，要求 20 厘米土层温度达 40℃以上，维持 15 天左右。经过土壤消毒处理，土壤中的残存的真菌、细菌、根结线虫等病原菌可杀死 90％以上，能有效控制土传病害或其他病害的发生。

（二）生态防治

1. 环境的调控措施

采用双垄覆膜、膜下滴灌的栽培方式，可降低棚内空气相对湿度 10％～15％，能有效减轻高湿病害如灰霉病、霜霉病、角斑病菌的繁殖；并且地膜覆盖可有效阻止土壤中灰霉病菌、菌核病菌等的传播（黑色地膜效果尤佳）。当低温来临时，采用夜间短时加温的方法使棚内最低温度在 12℃以上控制夜露，均可抑制病害发生发展。

2. 高温高湿灭菌技术

高温高湿灭菌技术。据报道，在黄瓜棚内相对湿度 80％以上、气温 40～45℃维持闷棚 1.5～2 小时，可杀灭大部分的霜霉病菌、黑星病菌，控制病害的发展。

3. 叶面微生态调控措施

霜霉病、黑星病、灰霉病、细菌性角斑病等病害的发生流行与叶面结露密切相关。在棚室中通过覆膜和滴灌浇水、放风、控温湿，使叶面结露时间不超过 4 小时，可以抑制病菌的侵染。侵染棚室蔬菜的大部分真菌均喜酸性，通过喷施一定的化学试剂可以改变寄生表面的微环境，从而抑制病原菌的生长和侵染。

（三）物理防治

温汤浸种，蔬菜种子一般用 50～60℃温水浸 5～15 分钟，浸种时应不断搅拌，使种子受热均匀。

（四）生物防治

用磷氮霉素、木霉菌"特立克"、武夷菌素、多抗霉素防治灰霉病、菌核病等；长川霉素防治白粉病、叶霉病、炭疽病、灰霉病、菌核病、霜霉病等；申嗪霉素防治枯萎病、黄萎病、辣（甜）椒疫病等；多效霉素、多抗霉素防治霜霉病、晚疫病；农用链霉素、新植霉素防治细菌性病害；厚孢轮枝菌、阿维菌素防治根结线虫等。

（五）化学防治

使用化学方法防治病害，宜选择两种以上农药，交替使用延缓产生抗药性。依据食品安全国家标准《食品中农药最大残留限量》（GB 2763—2016），开展化学农药田间应用。

三、土壤连作障碍的治理

（一）土壤连作障碍的定义

连作是指在同一地块里连续种植同一种作物或同一科作物。同一作物或近缘作物连续种植多年后会出现病虫害加重、土壤化学性质变差、土壤盐渍化和酸化等情况。就算及时给作物浇水施肥，也会产生产量降低、品质变劣、生理性状变差的现象。这就是连作障碍。由于温室里生产的蔬菜花卉不分季节，周年都可以生产，所以

温室中发生连作障碍问题要比露地严重。

（二）土壤连作障碍的原因

1. 病虫害加重

病虫害在连作障碍发生原因中约占 85%，温室蔬菜花卉的连作给病原物和害虫生存提供了赖以生存和繁殖的场所，主要是温室蔬菜花卉的土传病虫害。常见有瓜类枯萎病、番茄青枯病等。这些病害都是通过浸染蔬菜的根系、破坏根系组织的正常分化和生理活动，使根系供应植株的水分养分不足，最终导致蔬菜地上部分生长瘦弱、叶片黄化、开花延迟、结果少，在干旱条件下甚至会萎蔫死亡。

2. 土壤盐渍化加重

温室土壤盐分含量一般是露地土壤的 2～13 倍。原因是土壤得不到雨水的淋洗，再加上棚内的温度较高，土壤水分蒸发量大，下层土壤中的肥料和水分就会随着深层土壤水分的蒸发，向土壤表面迁移，从而在土壤表层产生盐分的大量积累，在土壤表面形成薄薄的白色盐层。另外，温室的耕作层比较浅，化肥常施用于土壤表层，这也加重了土壤的盐渍化成度。土壤中盐分的积累造成了土壤溶液浓度的增加，土壤的渗透势加大，使作物根系吸水、吸肥能力减弱，从而导致植物生长发育不良。

3. 土壤养分分布不均

连作还易引起土壤养分分布的不均匀。因为一种蔬菜花卉作物，总是对某种微量元素吸收较多，连茬种植多年后，就容易引起土壤中的某种营养元素缺乏，而有些营养元素又过剩。导致土壤中营养成分的不均衡。为什么会出现这样的情况呢？根据作物的根系分析可以清楚地看出，作物的根系分为 4 个区域：根冠、分生区、延长区、成熟区。其中成熟区是吸收水分、养分最活跃的区域。一般情况下，同一蔬菜的根部生长范围深浅一致。因此，多年连作就易引起同一区域内、同一种营养的严重匮乏。从而导致了连作障碍。

4. 植物自毒的影响

一些蔬菜通过地上部的淋溶，根系的分泌或植物残渣腐解等方式在释放一些物质，这些物质会对同茬或下茬、同种或同科作物生长产生抑制作用。这种现象称作物的自毒作用。这些有害物质，大部分可以通过根系排泄到土壤中，而且非常不容易分解，随着连作次数的增加这些有害物质在土壤中的结果也越来越多。最后就会严重影响作物的自身生长。

根据设施农业连作障碍产生原因分析：以生态学思路作指导；调整土壤微生物区系，抑制土壤有害微生物活动；逐步减轻土壤次生盐渍化，改善土壤团粒结构，提高设施土壤的缓冲功能；增强土壤的生态平衡功能，保持土壤生产能力的持续性；保证设施作物的生态环境协调，促进高效农业的可持续发展。

（三）土壤连作障碍的治理

1. 推广测土配方施肥

定期化验土壤，确定合理的产量目标，依照推荐配方施肥，克服过度施肥。建议温室粪肥用量控制在每亩 5 米^2 以下，当土壤电导率（土壤 EC 值）达到栽培作物发生生理障碍临界点时停止施肥。

2. 休耕

日光温室蔬菜花卉栽培要实行合理的轮作倒茬，避免连作障碍的发生，提高温室经济效益。实行花卉和莴苣、黄瓜与青椒、西红柿、西葫芦等的轮作倒茬，一般轮作应达到 3 年以上，同样可获得较好的效益。轮作制度既可以减少土地传病害的发生，又可以增值。

3. 土壤类堆肥（秸秆返田）处理

通过类堆肥方法培肥温室土壤来综合治理连作障碍，有效提高温室单位面积的生产效率，促进节能温室栽培设施的可持续发展。

堆肥原理：利用微生物在一定的温度、湿度和 pH 条件下，将有机性废弃物进行生物化学降解，使其形成一种类似腐殖质土壤的

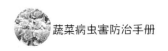
有机物质用作肥料和改良土壤（图 3-1）。

发酵初期有机物质的分解主要是靠中温型微生物（30～40℃）进行的，随着温度的升高，最适宜生活在 45～65℃ 的高温菌逐渐取代了中温型微生物。在此温度下，各种病原菌、寄生虫卵、杂草种子等均可被灭杀。一般由温度开始上升到温度开始下降的阶段称为一次发酵阶段，至少应保持 10 天以上；氮肥来源于牛粪保持 4～5 周、猪粪保持 3～4 周、鸡粪保持 2～3 周。碳氮比（C/N）小，充分腐熟时间短。

夏季高温时，利用太阳能和生物质能（秸秆＋粪肥）进行土壤消毒；有利于提升土壤有机质含量，增强土壤缓冲性能；杀灭和抑制土壤有害微生物，调整土壤微生物区系；降低作物根系次生代谢产物活性；促进土壤团粒结构变化，去板结化。

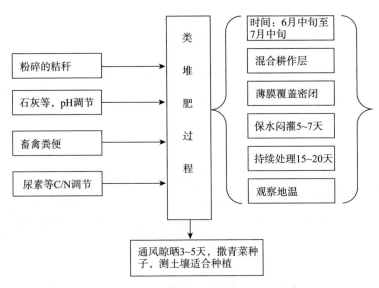

图 3-1　类堆肥过程示意

4. 土壤微生态调控措施

细菌性青枯病、软腐病，真菌引起的枯萎病、根腐病、疫病、根结线虫病等多种土传病害的发生与土壤微生态的恶化关系密切，可以通过减少化学肥料、化学农药的使用，配合浇灌多菌合剂"宁盾"等有益微生物帮助调控农作物根围微生态，从而降低病原物的种群数量，提高本土有益微生物的种类和数量，逐年改良土壤，减轻土传病害的发生，恢复土壤健康，提高农产品品质。

（四）土壤连作障碍的治理实践

各种农作物的秸秆含有相当数量的营养元素（图 3-2），又具有改善土壤的物理、化学和生物学性状、增加作物产量等作用。大量秸秆被烧掉，既浪费，又污染大气，应采取适宜措施大力推广秸秆还田，做到物尽其用。作物秸秆因种类不同，所含各种元素的多少也不相同。一般来说，豆科作物秸秆含氮较多，禾本科作物秸秆含钾较丰富。根据碳氮比例确定投入到田间的秸秆和粪肥，补充投入氮素（尿素）和调节酸碱平衡（石灰、石灰氮）。

1. 秸秆返田的原理

有机物中碳的总含量与氮的总含量的比叫做碳氮比，其比值叫碳氮比率。一般禾本科作物的茎秆如水稻秆、玉米秆和杂草的碳氮比都很高，可以达到 $60\sim100:1$，豆科作物的茎秆的碳氮比都较小，如一般豆科绿肥的碳氮比为 $15\sim20:1$。

碳氮比大的有机物分解矿化较困难或速度很慢。原因是当微生物分解有机物时，同化 5 份碳时约需要同化 1 份氮来构成它自身细胞体，因为微生物自身的碳氮比大约是 $5:1$。而在同化（吸收利用）1 份碳时需要消耗 4 份有机碳来取得能量，所以微生物吸收利用 1 份氮时需要消耗利用 25 份有机碳。也就是说，微生物对有机质的正常分解的碳氮比为 $25:1$。如果碳氮比过大，微生物的分解作用就慢，而且要消耗土壤中的有效态氮素。所以在施用碳氮比大的有机肥（如稻草等）或用碳氮比大的材料处理土壤时，都应该补充含氮多的肥料以调节碳氮比。

2. 影响秸秆还田分解的因素

（1）碳氮比（C/N）　碳氮比大的秸秆施入农田后，土壤微生

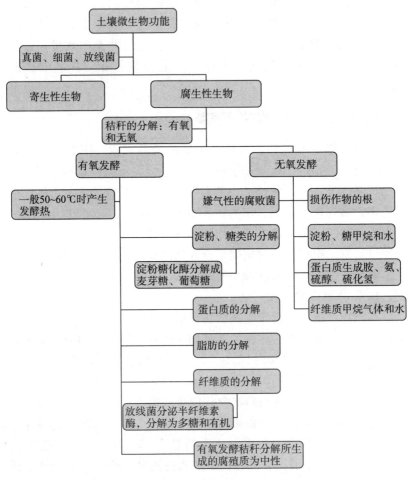

图 3-2　秸秆在土壤微生物作用下的生物过程

物进行分解活动时碳源充足，氮量不足，而微生物分解活动必须有碳、氮平衡条件，为此土壤微生物要从土壤中争夺氮素，呈现土壤氮的饥饿现象，影响作物和幼苗的生长发育。为克服这种现象，在还田时必须采取补氮措施，以调解碳氮平衡，促进分解。碳氮比25～28∶1适宜。

新鲜家畜粪尿、秸秆等营养含量及碳氮比见表 3-1 和表 3-2。

表 3-1 新鲜家畜粪尿中各成分含量（%）

种类		水分	有机质	N	P_2O_5	K_2O	CaO	C：N
猪	粪	81.5	15.0	0.6	0.40	0.44	0.09	14：1
	尿	96.7	2.8	3.0	0.12	0.95	—	
马	粪	75.8	21.0	0.58	0.30	0.24	0.15	24：1
	尿	90.1	7.1	1.20	微量	1.50	0.45	
牛	粪	83.3	14.5	0.32	0.25	0.16	0.34	26：1
	尿	93.8	3.5	0.95	0.03	0.95	0.01	
羊	粪	65.5	31.4	0.65	0.47	0.23	0.46	29：1
	尿	87.2	8.3	1.68	0.03	2.10	0.16	

表 3-2 常用秸秆、粪肥碳素、氮素营养含量

物料	C（%）	N（%）	C/N
稻草	45.39	0.63	72.30
大麦秆	47.09	0.64	73.58
玉米秆	43.30	1.67	26.00
小麦秆	47.03	0.48	98.00
稻壳	41.64	0.64	65.00
奶牛粪	31.79	1.33	24.00
羊粪	16.24	0.65	24.98
鸡粪	4.10	1.30	3.15
大豆饼	47.46	7.00	6.78
猪粪	25.00	2.00	12.6

注：表 3-1 和表 3-2 的碳、氮营养素比例，不同来源，仅供参考。

（2）秸秆处理（铡草机） 为保证翻压效果，将秸秆切碎至3～5 厘米长为宜。其原因是：第一细碎增加吸水与保水能力，促进分解；第二可增加与土壤的接触面积，有利于分解。相反，若直接翻压（不经切碎处理），不仅拖延了分解时间，还不利于土壤保墒，

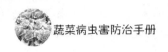
降低整地质量，影响出苗率。

（3）水、温条件　秸秆翻埋入土壤中，进行矿质化和腐质化作用速度的快慢主要决定于水分与温度。通常情况下，当温度在25～30℃（伏季），土壤水分含量占田间持水量50％～80％时（漫灌、塑料薄膜密闭覆盖），秸秆分解速度最快；当土温低于5℃，土壤含水量少于田间持水量20％时，分解几乎停止。

（4）酸碱度　秸秆发酵过程产生有机酸，需要施用石灰（粉状）来调节土壤pH，一般根据土壤条件使用秸秆投入量的2％～3％为宜。

（5）还田时期　秸秆还田要考虑合理的时期，一方面要避开毒害物质分解高峰期以减少对作物的危害，提高还田效果；还田时秸秆含水量应不少于30％～40％，过干不易分解，影响还田效果。此外应掌握土壤的含水量，这是决定秸秆中碳释放和氮损失的一个重要环境因素。一般在土壤持水量的60％时翻压较适合。

3. 秸秆返田的碳氮比计算方法

（1）就地取材　实际容易获取与投入的秸秆、粪肥的数量，对应的碳素、氮素养分计算实际的投入物碳素和氮素重量。

（2）计算纯氮含量　碳氮比为25∶1比例，补充投入氮素养分，计算纯氮含量。

（3）调节酸碱度　根据实际投入的秸秆重量和土壤环境，加入2％～3％重量比的石灰调节pH。

4. 土壤连作障碍的治理案例：

（1）方案一：日光温室面积660米^2

①投入玉米秸秆（C/N＝51，C含量为47.4％　N含量为0.93％）1 500千克

碳素含量：47.4％×1 500千克＝711千克

氮素含量：0.93％×1 500千克＝13.95千克

②投入奶牛粪（C/N＝24，C含量31.79％，N含量1.33％）780千克；

碳素含量：31.79％×780千克＝248千克

氮素含量：1.33％×780 千克＝10.37 千克

③投入花生饼（C/N＝7.76，C 含量 49.04％，N 含量 6.32％）115 千克。

碳素含量：49.04％×115 千克＝56.4 千克

氮素含量：6.32％×115 千克＝7.27 千克

④需要调节碳氮比至 25∶1，投入补充的氮肥数量为 X

（711＋248＋56.4）/（13.95＋10.37＋7.27＋X）＝25/1

补充氮素 X＝9.026 千克，折合 46％尿素 9.026 千克/46％＝19.62 千克，约 20 千克。

⑤土壤酸碱度调节。下茬口种植喜酸的百合，投入石灰数量＝1 500 千克×2％＝30 千克；若种植黄瓜，投入的石灰数量＝1 500 千克×3％＝45 千克。

（2）方案二：日光温室面积 550 米²

①投入小麦秸秆（C/N＝98，C 含量 47.03％，N 含量 0.48％）1 850 千克。

碳素含量：47.03％×1 850 千克＝870 千克

氮素含量：0.48％×1 850 千克＝8.88 千克

②投入鸡粪（C/N＝3.15，C 含量 4.10％，N 含量 1.30％）1 180 千克。

碳素含量：4.10％×1 180 千克＝48.38 千克

氮素含量：1.30％×1 180 千克＝15.34 千克

③投入大豆饼（C/N＝6.78，C 含量 47.46％，N 含量 7.00％）145 千克。

碳素含量：47.46％×145 千克＝68.82 千克

氮素含量：7.00％×145 千克＝10.15 千克

④需要调节碳氮比至 28∶1，投入补充的氮肥数量为 X。

碳素（870＋48.38＋68.82）/氮素（8.88＋15.34＋10.15＋X）＝28/1

补充氮素 X＝0.887 千克，折合 46％尿素 1.92 千克，约 2 千克，实际操作不计。

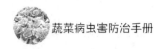

⑤投入酸碱度调节。

下茬口种植番茄，投入石灰数量＝1 850 千克×3％＝55.5 千克；若种植百合等喜欢酸性土壤的，可以投入石灰＝1 850 千克×2％＝37 千克，这个是必须投入的，否则土壤有机酸抑制根系生长。

（3）方案三：日光温室面积 667 米²（1 亩）；鸡粪：海南岛数据 C/N＝14.25，C 含量 22.8％，N 含量 1.6％

①投入鸡粪（干）（C/N＝14.25，C 含量 22.8％，N 含量 1.6％）1 000 千克。

碳素含量：22.8％×1 000 千克＝228.0 千克

氮素含量：1.6％×1 000 千克＝16.0 千克

②投入小麦秸秆（C/N＝98，C 含量 47.03％，N 含量 0.48％）2 000 千克。

碳素含量：47.03％×2 000 千克＝940.6 千克

氮素含量：0.48％×2 000 千克＝9.6 千克

③需要调节碳氮比至 25：1，投入补充的氮素数量为 X。

$(228.0+940.6)/(16.0+9.6+X)=25/1$

补充氮素：$X＝21.1$ 千克，折合 46％尿素 21.1 千克，约 50 千克。

④土壤酸碱度调节。下茬口种植喜酸的草莓，投入石灰数量＝2 000 千克×2％＝40 千克；若种植黄瓜，投入的石灰数量＝2 000 千克×3％＝60 千克。

（4）方案四：日光温室面积 667 米²（1 亩）；鸡粪：海南岛数据

①投入鸡粪（干）（C/N＝14.25，C 含量 22.8％，N 含量 0.48％）1 000 千克。

碳素含量：22.8％×1 000 千克＝228.0 千克

氮素含量：1.6％×1 000 千克＝16.0 千克

②投入小麦秸秆（C/N＝98，C 含量 47.03％，N 含量 0.48％）1 000 千克。

碳素含量：47.03％×1 000 千克＝470.3 千克

氮素含量：0.48％×1 000 千克＝4.8 千克

③需要调节碳氮比至 25：1，投入补充的氮素数量为 X。

（228.0＋470.3）/（16.0＋4.8＋X）＝25/1

补充氮素：X＝7.1 千克，折合 46％尿素 7.1 千克，约 16 千克。

④土壤酸碱度调节。下茬口种植喜酸的草莓，投入石灰数量＝1000 千克×2％＝20 千克；若种植黄瓜，投入的石灰数量＝1000 千克×3％＝30 千克。

第四章

蔬菜害虫基础

　　蔬菜上有很多种小动物，其中，昆虫、蜘蛛和螨类占有相当大的比例。它们有一些很容易就被观察到，有一些则需要用放大镜或显微镜才能观察到。昆虫是动物世界中重要的成员，它们的种类超过上百万种，其种类和数量远远超过高等动物，其中绝大多数昆虫不是农作物上的害虫，有一些作为植物的授粉者、或者杂草及害虫的捕食者、或寄生者起到了有益的作用。然而这些益虫很容易受那些用于防治害虫的杀虫剂的毒害。在精心的管理下，这些寄生性和捕食性天敌可以有效地阻止害虫的发生和增长，因此，保护这些寄生性和捕食性天敌可以有助于减少农药的用量。正确识别蔬菜作物上的害虫是通向成功治理害虫的第一步。

一、昆虫的基本知识

　　昆虫属于节肢动物。哺乳动物如大象和人有内骨骼，而节肢动物有坚硬的外骨骼（如昆虫的体壁）。昆虫一般具有如下特征：身体分为头、胸、腹三部分，有三对足和一对触角。许多昆虫具翅，翅和足着生于胸部。然而并不是所有的昆虫都有翅，而且只有成虫的翅才发育完全。另外，幼虫也不一定和成虫相似，如菜粉蝶成虫和幼虫（菜青虫）就大相径庭。

　　昆虫的各个种可被归为不同的类，由高至低一般包括界、门、纲、目、科、属、种，属于同一目的种类具有相同的特征可以进行鉴定。以下先介绍昆虫的基本知识和生物学特性。

1. 昆虫的口器

一般需要借助显微镜或放大镜才能清楚地观察到昆虫的口器。然而观察昆虫的口器是比较重要的，因为可以据此判断昆虫是如何取食的以及会造成什么样的为害。蔬菜昆虫的口器主要有咀嚼式（如甲虫、蝗虫、鳞翅目幼虫等）、刺吸式（如蚜虫、粉虱、蜡）、虹吸式（蝶蛾类成虫）和舐吸式（蝇类成虫）等。

2. 昆虫的翅

许多昆虫具翅。翅的不同类型是把昆虫分为不同大类的主要特征之一。昆虫有的具两对翅，如寄生蜂、蝶蛾类、甲虫、蜡、蝗虫、草蛉等；有的只有一对翅，如蝇类，有的没有翅，如无翅蚜虫。昆虫翅的质地对不同种类也大不相同，如膜翅目前后翅均为膜质，鞘翅目（甲虫）前翅则骨化，直翅目（蝗虫）前翅革质，而鳞翅目昆虫翅上密被鳞片。

3. 昆虫的生长发育和变态

昆虫的一生一般经过卵、幼虫、蛹（完全变态类昆虫）、成虫等阶段。雌成虫交配后产卵，卵（胚胎）发育完成后，幼虫咬破卵壳而出；幼虫从卵壳中出来的过程称为孵化；幼虫在发育过程中要周期性脱去外骨骼（叫脱皮），一般要经过多次脱皮，刚孵化的幼虫叫一龄幼虫，脱1次皮的叫二龄幼虫，脱2次皮的叫三龄幼虫，依次类推，脱皮次数多为4～6次；两次脱皮间的间隔时间叫龄期；幼虫最后一次脱皮后，变成不食不动的状态，叫做蛹；蛹经过发育，脱壳变成成虫，成虫突破蛹壳出来的过程叫做羽化。这种新孵化的昆虫发育到成虫的过程中发生的一系列变化叫变态。昆虫的种类很多，其变态类型依类群而异。与蔬菜昆虫有关的变态类型主要有完全变态和不完全变态两大类。

4. 完全变态昆虫的主要特征

幼期昆虫被称为幼虫；一生中经过卵—幼虫—蛹—成虫4个虫态（图4-1）；幼虫的外部形态与成虫不相似；幼虫取食环境和生活习性通常和成虫差别很大；从幼虫到成虫的变化非常明显，当幼虫充分生长后，形成一个独特的不取食的蛹期，蛹一般不能活动。

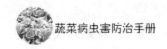

成虫结构在蛹期（包括翅）形成，随后成虫从蛹内羽化；常见的这类蔬菜昆虫有鳞翅目（蝴蝶、蛾类）、鞘翅目（甲虫）、膜翅目（蜂）、双翅目（蝇）、脉翅目（草蛉）等。完全变态类害虫的幼虫有 3 种类型：多足型，除三对胸足外具有多对腹足及其他附肢，如大多数鳞翅目幼虫和部分膜翅目幼虫；寡足型，具发达的胸足，无腹足，如大多数鞘翅目幼虫；无足型，体上无任何附肢，如双翅目幼虫。

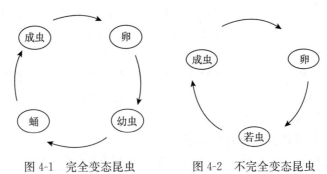

图 4-1　完全变态昆虫　　　　图 4-2　不完全变态昆虫

5. 不完全变态昆虫的主要特征

幼期昆虫被称为若虫；一生中经过卵－若虫－成虫 3 个阶段（图 4-2）；若虫外部形态一般和成虫相似，区别仅在于体躯较小、翅未长成、性器官尚未发育完全；从若虫到成虫的变化是逐渐完成的，若虫期和虫龄相一致；翅的发育是体外发育，翅首先显露小的翅芽而后随着每次脱皮渐渐长大；若虫取食栖境和生活习性通常和成虫相同。常见的这类蔬菜昆虫有半翅目（蝽、蚜虫、叶蝉）、直翅目（蝗虫）、缨翅目（蓟马）等。但具体过程又因虫而异，如蔬菜作物上蚜虫常以孤雌胎生的方式繁殖，故只有若虫、成虫 2 个虫态；粉虱在羽化为成虫前若虫有一个不食、不动、类似于完全变态的蛹期，又称过渐变态。

6. 昆虫的生活周期（世代）和年生活史

昆虫从卵到成虫的发育过程叫生活周期，也称作一个世代。完成一个世代所需的时间依虫种和环境条件而异，而环境条件中最主要的影响因子是温度。如在 25℃下，菜蛾完成 1 代的发育约需 16 天，萝卜蚜完成 1 代约 5 天；当温度为 16℃时，两种昆虫完成 1 代分别约 38 天和 13 天。同一个目的各个种有相似的生活周期。理解这些生活周期有助于鉴别害虫和益虫，且有助于理解害虫是如何造成为害的以及在什么时候采取防治方法效果好。

昆虫在一年中的发生经过，主要包括发生代数，各代及各虫态出现的时间及其与寄主发育阶段的配合，越冬情况等，称为年生活史。一年发生一代的昆虫，其年生活史，就是一个世代。一年发生多代的昆虫，年生活史就包括多个世代。年发生多代的昆虫，由于成虫产卵期长、幼期发育快等特点，常先后几代同时发生，称作世代重叠。如菜蛾在杭州 9 月可有 8 个世代的个体同时出现。

昆虫在一年的发生过程中，为度过隆冬或盛夏季节对其极为不利的环境条件，往往出现一段生长、发育和活动中止的阶段。如菜粉蝶、甜菜夜蛾、棉铃虫等，均以滞育状态的蛹越冬。有些昆虫以远距离迁飞逃避不良环境，如华北北部的小地老虎。一些昆虫无明显的越冬越夏现象，只是在隆冬和盛夏数量很低，如长江中下游的菜蛾、萝卜蚜等。

7. 昆虫的繁殖

在蔬菜害虫中，大多数营有性生殖，即雌雄交配后，受精卵产出体外，然后发育成新个体，如鳞翅目、鞘翅目害虫。有一些种类，不需经雌雄交配，卵不经过受精就能发育成新个体，称为孤雌生殖。以孤雌方式进行生殖的害虫中，有些种类是经常性的，如粉虱，有的是周期性的，如蚜虫。蚜虫的孤雌生殖是以胎生的方式，又叫孤雌胎生，在适宜条件下，可终年孤雌胎生。

昆虫的繁殖力是很大的。当条件适宜时，菜粉蝶每雌平均产卵数可达 120 粒以上，菜蛾可达 200 粒以上，斜纹夜蛾、棉铃虫等可达 500 粒以上。桃蚜在适宜条件下平均每头雌虫每天可产仔 4～6 头，生殖高峰时每头雌虫每天产仔 8～10 头。加之昆虫发育快，故种群数量往往可很快增长。

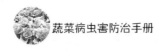

8. 昆虫的行为

昆虫的行为是其生命活动的表现，了解害虫的行为对防治工作有重要意义。

（1）活动的昼夜节律　多数昆虫飞翔、取食、交配活动都有昼夜节律。如蝶类成虫白天交尾、产卵，大多数蛾类夜间交尾、产卵；许多夜蛾的幼虫往往昼伏夜出。

（2）食性　蔬菜害虫都是植食性害虫，被取食的植物称为寄主植物。根据害虫寄主植物的范围可将其分为：单食性，仅取食1种植物，如豌豆象；寡食性，仅取食1个科或近缘几科的若干种植物，如菜粉蝶、小菜蛾等；多食性，可取食不同科的许多种植物，如桃蚜、斜纹夜蛾、甜菜夜蛾、小地老虎、棉铃虫、烟粉虱等。

（3）趋光性和趋化性　趋向光源的反应行为，称为趋光性。夜出活动的夜蛾、金龟子等，具趋光性。昆虫可以见到人眼见不到的紫外光，因此利用黑光灯诱虫，往往效果比白炽灯好。对化学物质的刺激所产生的反应行为，称趋化性。如小地老虎、斜纹夜蛾等对糖醋气味有很强的趋性，菜蛾、菜粉蝶趋向于散发有芥子油气味的十字花科蔬菜等。

（4）产卵习性　产卵方式有散产、块产。散产方式中，多数种一次产一至数粒或十几粒不等，如菜蛾、小地老虎等；也有一次只产一粒的，如菜粉蝶。块产方式中，往往将卵粒呈2～3层重叠，并盖有雌蛾的鳞毛，如斜纹夜蛾、甜菜夜蛾等。害虫对产卵植物和部位有选择性，有些种产在植株的茎、叶、花上，有些种产在植物组织内，有些种则产在植物周围的土壤中。

二、蔬菜害虫的种类

我们通常所说的害虫除包括为害蔬菜的昆虫外，还包括为害蔬菜作物的螨类和软体动物。它们取食植物的组织、器官，干扰和破坏作物正常生长，造成减产和质量下降。除造成直接损失外，一些害虫还可传播植物病害，造成严重的间接为害。

蔬菜害虫可以根据不同的特征和习性进行多种方式归类。如根据害虫在植株上的为害部位可分为地下害虫和地上害虫；根据害虫口器可分为咀嚼类口器害虫和刺吸类口器害虫；根据动物分类学原理可分为昆虫、螨类和软体动物，又可根据形态特征归属到不同的目、科。下面依据动物分类学原理对蔬菜主要害虫作简要归类。

1. 鳞翅目害虫

成虫通称蛾或蝶。一生中经过卵、幼虫、蛹、成虫四个虫态，幼虫通称为青虫、毛毛虫等。以幼虫咬食作物的根、茎、叶、果实等，是蔬菜害虫的一个主要类群。在十字花科蔬菜中，主要害虫多为鳞翅目昆虫，如菜蛾、菜粉蝶、斜纹夜蛾、甜菜夜蛾、棉铃虫、小地老虎等。

2. 半翅目害虫

口器刺吸式。成虫个体一般较小，前翅膜质或革质，质地一致或半鞘翅。一生中经过卵、若虫、成虫3个虫态，其中蚜虫常以孤雌胎生方式繁殖，故种群中常只出现若虫、成虫2个虫态。若虫、成虫常群集在植株叶片和嫩茎上吸吮汁液，并能传播蔬菜病毒病，是蔬菜害虫中另一个主要类群。这一类害虫主要包括蚜虫和粉虱，如桃蚜、萝卜蚜、甘蓝蚜、烟粉虱、白粉虱等，其次是一些叶蝉等。

3. 鞘翅目害虫

成虫通称为甲虫。幼虫中有许多称为蛴螬。一生中经过卵、幼虫、蛹、成虫4个虫态。为害蔬菜的多数种以幼虫在地下取食根或块茎，成虫取食叶片，如黄曲条跳甲、东北大黑金龟子、华北大黑金龟子、江南大黑金龟子、铜绿金龟子等。

4. 双翅目害虫

成虫为蝇、蚊等。一生中经过卵、幼虫、蛹和成虫4个虫态。为害蔬菜的主要是蝇，其幼虫通称为蛆，以幼虫取食植株根部或潜入叶肉等组织为害。如萝卜地种蝇、豌豆潜叶蝇、美洲斑潜蝇等。

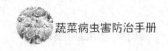

5. 螨类

为害蔬菜的主要是叶螨。一生中经过卵、幼螨（3 对足）、若螨（4 对足）、成螨 4 个阶段。常以幼螨、若螨、成螨群集在植物叶片上，刺吸汁液。在茄科和葫芦科蔬菜上，叶螨常为一类主要害虫，如茶黄螨、红蜘蛛等。

6. 软体动物

主要是蜗牛和蛞蝓。蜗牛以幼贝、成贝用齿舌刮食植物叶、茎，或致幼苗断折。常见的有灰巴蜗牛、同型巴蜗牛。蛞蝓以幼体和成体取食叶片，常见的有野蛞蝓。在地下水位高、潮湿的菜地里，蜗牛和蛞蝓常可造成严重危害。

三、蔬菜害虫的为害方式

害虫的为害方式主要取决于各种害虫的形态构造和生物学特性。

1. 直接为害

主要通过取食植物体而造成的，故为害方式可依据害虫的取食习性归为以下几类：

（1）咬食 如菜蛾、菜粉蝶、斜纹夜蛾、甜菜夜蛾等幼虫咬食植物叶片；小地老虎、蛴螬等幼虫咬食植株的根和茎。

（2）刺吸汁液 如各种蚜虫、叶螨、烟粉虱刺吸植物叶、芽、茎等器官的汁液。

（3）蛀食 地蛆、黄曲条跳甲幼虫等蛀食植物花蕾、果实、种子、茎或根。

（4）潜叶 如豌豆潜叶蝇、菜蛾低龄幼虫等潜入叶片内取食叶肉组织。

2. 间接为害

间接为害方式依据害虫的行为特点包括：

（1）传播植物病害 如蚜虫传播多种植物病毒。

（2）影响光合作用 蚜虫分泌蜜露于叶片导致煤污病。

四、受害植物的症状

植物受害的症状常因为害方式而异。但同一为害方式也可造成不同的受害症状。如叶片受害可导致被咬食的叶片常出现孔洞或缺刻，或仅留叶脉，或叶肉被食仅留透的表皮；被刺吸的叶片常出现卷缩、发黄、生长停滞，受叶螨刺吸为害的叶片多呈火红色；叶肉被潜食的常形成白色弯曲的隧道等。花、果实等受害常造成蛀孔、留有虫粪等。根、茎受害后常造成幼苗萎蔫、断苗、死苗。有关各种害虫为害所造成的症状将在单个害虫的介绍中分别予以描述。

五、害虫发生与环境条件

在蔬菜田生态系统中，蔬菜害虫发生、为害受诸多方面因素的综合影响。如气候、食物及天敌等。协调运用这些因素进行害虫的综合治理，应当成为以蔬菜作物为中心的蔬菜生态系统的一个基本原则（图4-3）。

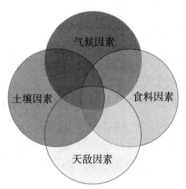

图4-3 害虫发生与环境条件

（一）气候因素

包括温度、湿度和降水、光、风等，以温、湿度的影响最大。

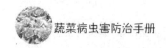

昆虫是变温动物，其正常生命活动范围，一般在8～36℃。在此温度范围内，发育快慢、存活率高低、繁殖量多少常与温度密切相关；最适温度范围因虫而异，大多在18～28℃。温度过高、过低常导致害虫大量死亡。湿度对害虫发生影响因虫而异，如咬食植物叶片的害虫，一般在70%～80%相对湿度对其较为有利；而潜蛀或刺吸汁液的害虫，大气湿度变化往往无直接影响。干旱往往使植株体液更适合于取食，有利于刺吸式口器害虫的发生，如蚜虫、螨类等。暴雨不利于昆虫活动，还可将虫体冲落地面致死。光照可影响害虫的行为和滞育。微风有利于害虫的扩散，暴风则可抑制害虫的活动。

（二）土壤因素

许多害虫生活史的一部分时间在土壤之中，如多数鳞翅目、鞘翅目害虫。一些害虫的主要为害期在地下，称地下害虫，如小地老虎、地蛆、蛴螬等。土壤的温度、含水量、物理性状、化学成分及生物区系除影响作物生长而间接影响害虫外，可对害虫发生产生直接影响，如种蝇、细胸金针虫多分布在土壤湿度较高的平原；蛴螬多在松软的沙土和沙壤中活动。

（三）食料因素

寄主植物的不同种类，同一种植物的不同器官、不同生育期、或不同生长势，对害虫的营养价值都可有差别，从而影响害虫的生长发育速率、存活率、生殖力及行为。另外，害虫的取食并不一定都会造成蔬菜产量的损失，相反有时还会促进其产量的增长。实验表明，结球甘蓝、花椰菜和青花菜除结球始期对害虫的取食比较敏感外，在其他发育时期都对害虫的取食有一定程度的忍耐和补偿能力。

（四）天敌因素

害虫的天敌包括病原微生物、食虫昆虫和其他食虫动物。能引起昆虫疾病的微生物有细菌、真菌、病毒、原生动物和线虫等。害虫感染这类病原微生物之后，可形成流行病而大量死亡。还可将病原菌生产成各种制剂，用于防治害虫，如苏云金杆菌制剂广泛用于防治蔬菜上的鳞翅目害虫，不仅效果较好，且对人畜及环境安全。

食虫昆虫包括捕食性和寄生性两大类。捕食性昆虫常见的有瓢虫、草蛉、螳螂、猎蝽、食蚜蝇等。寄生性昆虫常见的有赤眼蜂、茧蜂、姬蜂、小蜂等各种寄生蜂及一些寄生蝇。其他食虫动物常见的有蜘蛛、鸟类、青蛙等。菜地生态系统中有丰富的天敌资源。据本项目组成员的系统整理和调查，共发现十字花科蔬菜4种主要食叶害虫小菜蛾、菜粉蝶、斜纹夜蛾、甜菜夜蛾的寄生蜂天敌各有43、47、40、33种。

六、蔬菜害虫发生的主要特点

（一）露地蔬菜害虫

露地蔬菜作物系统的最大特点是栽培品种多、茬口复杂、间套种形式多样、作物布局规律性差。我国地域辽阔，蔬菜栽培制度地区性变化的基本规律是由北向南趋于复杂，到长江中下游及以南地区，栽培制度已十分复杂。在长江中下游地区，一年三大茬中采用间作、套作一年多熟，可达5～6熟，甚至7～8熟；一些蔬菜品种，如白菜，基本上可随时播种和收获。华南地区更是一年多熟，在四茬中可间作、套作或连续重复种植多茬。近年来，蔬菜商品性生产大多以农户为基本生产单位，使得作物的布局更为混乱。

由于蔬菜栽培制度极为复杂，使得蔬菜害虫发生规律也十分复杂。这种复杂性主要表现在以下几个方面：

（1）同一种蔬菜，在一个地区一年中因栽培时期不同，害虫的发生种类、为害程度差异很大。如在连云港地区的白菜，5～6月茬口主要害虫是桃蚜、菜青虫、菜蛾；7～8月茬口主要害虫是斜纹夜蛾、甜菜夜蛾、菜青虫；9～10月茬口主要害虫是菜蛾、菜青虫、萝卜蚜。

（2）在同一种植区的同一时期，不同地块上的同一种蔬菜，虽

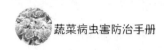

然生长期基本一致，但害虫的优势种及数量水平可有明显差异。

（3）多食性害虫常暴发成灾，年间数量变化大。如近年来甜菜夜蛾、斜纹夜蛾等害虫在长江中下游一些菜区间断性的暴发成灾。

（4）蔬菜害虫发生复杂的另一个基本特性是，在同一地区，害虫的组成相及不同种类的为害程度依菜地的生态环境而异。

在城市近郊终年种菜的蔬菜基地，复种指数高，蔬菜品种多且更迭频繁，耕作及管理精细，植物营养条件好，害虫的发生种类多且危害较重。加之近年来近郊保护地蔬菜栽培发展迅速，给一些害虫的发生创造了更有利条件。在远郊粮棉菜混种区内，有部分多食性粮棉作物害虫侵入菜地为害，如玉米螟、黏虫、棉叶蝉、盲蝽类等，使害虫的组成相呈多样化，但由于菜地较为分散，非专食性天敌相应增多，害虫的为害一般不如近郊区的严重。不过近年来，在远郊建立了一些新的蔬菜基地，这些蔬菜基地经 3～5 年后，害虫组成相及发生为害情况与近郊老菜区的相差无几。在低山果茶菜混种区，蔬菜的面积不大，品种较单纯，栽培管理水平较低，害虫的组成更是多样化，天敌资源更为丰富，害虫很少暴发成灾。

尽管如此，对于一个蔬菜种植区来说，大多数主要害虫及其季节消长规律在较长时间（10 年或更长）内基本上还是稳定的。如长江中下游十字花科蔬菜上，近 30 年来菜蛾、菜粉蝶、斜纹夜蛾、桃蚜、萝卜蚜、小地老虎一直是主要害虫。每种害虫的季节消长规律也是基本不变的。如菜蛾、菜粉蝶一年中有两个发生高峰，分别出现在春末夏初和秋季；桃蚜一年中也有两个高峰，分别出现在春末夏秋和秋末冬初；斜纹夜蛾的发生高峰则出现在盛夏至秋初的高温季节。

（二）保护地蔬菜害虫

保护地与露地相比，具有温度高、温差大、照度低、湿度大、气流缓慢等特点，其中温度增高是影响害虫发生的主要因子。在保护设施中，一些露地有休眠越冬习性的害虫，冬季可继续繁殖，使发生基数增加，发生世代增多，如长江中下游地区的菜粉蝶、菜蛾；一些在露地活动越冬但死亡率很高的害虫，在保护地中存活率和繁殖力都大幅度上升，大量发生为害期提早，如桃蚜、萝卜蚜、瓜蚜、红蜘蛛等；一些在露地不能越冬的害虫，冬季在温室中可继续繁殖并形成虫源地，如北方寒冷地区的白粉虱。

在保护地中，天敌往往被隔离在外，暴雨、大风等自然致死因子的作用被大大减弱，而温度又有利于害虫增殖，这种条件往往使个体小、繁殖力高、世代重叠的害虫容易暴发成灾，如蚜虫、叶螨、烟粉虱、蓟马等。

保护地栽培对害虫的发生也有一定的抑制作用。如由于生长期提早可避开害虫的发生期。又如，防虫网等覆盖材料可有效地阻止害虫的侵入或产卵。

七、蔬菜害虫防治常用农药

（一）十字花科蔬菜害虫防治常用农药（表 4-1）

表 4-1　十字花科蔬菜害虫防治常用农药

害虫名称	俗名	常用农药
小菜蛾	吊丝虫，两头尖	多杀霉素、阿维菌素、印楝素
甜菜夜蛾	青虫	康宽、去甲基阿维菌素、虫酰肼、虫螨腈
斜纹夜蛾	黑头虫	氟氯氰菊酯、虫螨腈、甲氰菊酯
银纹夜蛾	黑点银纹夜蛾	氟氯氰菊酯、虫螨腈、甲氰菊酯
黄曲条跳甲	狗虱仔	氟氯氰菊酯、毒死蜱、辛硫磷
黄狭条跳甲	狗虱虫	氟氯氰菊酯、毒死蜱、辛硫磷
烟粉虱		烯啶虫胺、噻嗪酮、阿维菌素
菜粉蝶	菜青虫	阿维菌素、氟氯氰菊酯、虫螨腈、多杀霉素
美洲斑潜蝇		阿维菌素、毒死蜱、灭蝇胺
菜螟	吃心虫、钻心虫	氟氯氰菊酯、阿维菌素
桃蚜		啶虫脒、抗蚜威、吡虫啉、阿维菌素

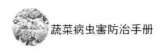

（续）

害虫名称	俗 名	常用农药
萝卜蚜		苦参碱、抗蚜威、吡虫啉、氟氯氰菊酯
大猿叶虫与小猿叶虫	乌壳虫	敌百虫、辛硫磷、氟氯氰菊酯
大青叶蝉	青头虫、瞎碰	啶虫脒、烯啶虫胺
灰地种蝇		阿维菌素、毒死蜱、灭蝇胺、氟氯氰菊酯
灰巴蜗牛、同型巴蜗牛及黄蛞蝓		四聚乙醛、硫酸烟酰苯胺

（二）茄果类蔬菜害虫防治常用农药（表 4-2）

表 4-2 茄果类蔬菜害虫防治常用农药

害虫名称	俗 名	常用农药
烟粉虱	番茄 TY 病毒	烯啶虫胺、噻嗪酮、阿维菌素
棉铃虫		卵期用棉铃虫核型多角体病毒，幼虫期用氟铃脲；阿维菌素、氟氯氰菊酯
茄黄斑螟	茄螟	抑太保、氟铃脲、氟氯氰菊酯
斜纹夜蛾	黑头虫、行军虫	氟氯氰菊酯、阿维菌素、虫螨腈
番茄夜蛾	玉米穗虫	氟氯氰菊酯、毒死蜱、抑太保
甜菜夜蛾	青虫	去甲基阿维菌素、虫酰肼、虫螨腈
桃蚜	烟蚜	吡虫啉、氟氯氰菊酯、阿维菌素
蓟马		吡虫啉、阿维菌素
马铃薯块茎蛾		氟氯氰菊酯
茄二十八瓢虫	酸浆瓢虫	氟氯氰菊酯、辛硫磷
茶黄螨	侧多食跗线螨	哒螨酮、阿维菌素
亚洲玉米螟		氟氯氰菊酯、氟铃脲
小绿叶蝉		氟氯氰菊酯、吡虫啉
棉叶蝉	棉叶跳虫	啶虫脒、氟氯氰菊酯

（三）豆科蔬菜害虫防治常用农药（表 4-3）

表 4-3　豆科蔬菜害虫防治常用农药

害虫名称	俗　名	常用农药
豇豆荚螟	豆野螟	氟氯氰菊酯、抑太保、阿维菌素
美洲斑潜蝇	鬼画符、地图虫	阿维菌素、毒死蜱、抑太保、灭蝇胺
烟粉虱		烯啶虫胺、噻嗪酮、阿维菌素
玉米螟	蛀骨虫	苏云金杆菌、阿维菌素、氟氯氰菊酯
端大蓟马	端带蓟马、豆蓟马	吡虫啉、阿维菌素
甜菜夜蛾	青虫	去甲基阿维菌素、虫酰肼、虫螨腈
斜纹夜蛾	黑头虫	氟氯氰菊酯、阿维菌素、虫螨腈
豆蚜	花生蚜	吡虫啉、氟氯氰菊酯、阿维菌素
豆荚斑螟		抑太保、苏云金杆菌、氟氯氰菊酯
绿豆象		氟氯氰菊酯
豆叶东潜蝇		阿维菌素、氟啶脲、灭蝇胺
小地老虎	土蚕、地蚕	毒死蜱、敌百虫、氟氯氰菊酯
截形叶螨		浏阳霉素、哒螨灵、阿维菌素

（四）瓜类害虫防治常用农药（表 4-4）

表 4-4　瓜类害虫防治常用农药

害虫名称	俗　名	常用农药
棕榈蓟马	节瓜蓟马、瓜蓟马	烯啶虫胺、吡虫啉、阿维菌素
黄胸蓟马		烯啶虫胺、吡虫啉、阿维菌素
瓜蚜	棉蚜	啶虫脒、烯啶虫胺、氟氯氰菊酯
瓜实蝇	针锋	灭蝇胺、氟氯氰菊酯、毒死蜱
茶黄螨	侧多食跗线螨	阿维菌素、浏阳霉素、哒螨灵
叶螨	红蜘蛛	甲氰菊酯、联苯菊酯、浏阳霉素、阿维菌素
美洲斑潜蝇	鬼画符、地图虫	阿维菌素、毒死蜱、氟啶脲、灭蝇胺
甜菜夜蛾	青虫	去甲基阿维菌素、虫酰肼、虫螨腈
烟粉虱		烯啶虫胺、噻嗪酮、阿维菌素
黄足黄守瓜	黄虫	成虫用氟氯氰菊酯，幼虫用辛硫磷

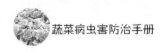

（续）

害虫名称	俗　名	常用农药
黄足黑守瓜	黑瓜叶虫	成虫用氟氯氰菊酯，幼虫用辛硫磷
瓜绢螟	瓜野螟	氟氯氰菊酯、阿维菌素
葫芦夜蛾		氟氯氰菊酯、阿维菌素、虫螨腈
瓜褐蝽	臭屁虫、瓜蝽	氟氯氰菊酯
细角瓜蝽		氟氯氰菊酯
南亚寡鬃实蝇	南瓜实蝇、针锋	辛硫磷；鱼藤酮、氟氯氰菊酯
南瓜斜斑天牛和黄瓜天牛		氟氯氰菊酯

（五）根茎类蔬菜害虫防治常用农药（表4-5）

表4-5　根茎类蔬菜害虫防治常用农药

害虫名称	俗　名	常用农药
二化螟		氟氯氰菊酯、氟铃脲
白背飞虱		吡虫啉、阿维菌素
蚜虫		辟蚜雾、吡虫啉、氟氯氰菊酯
烟粉虱		烯啶虫胺、噻嗪酮、阿维菌素
黄曲条跳甲		氟氯氰菊酯、毒死蜱、辛硫磷
甜菜夜蛾		康宽、去甲基阿维菌素、虫酰肼、虫螨腈
斜纹夜蛾		氟氯氰菊酯、阿维菌素、虫螨腈
叶螨	红蜘蛛	阿维菌素、哒螨酮
福寿螺		四聚乙醛、杀螺胺、硫酸烟酰苯胺

（六）葱蒜类蔬菜害虫防治常用农药（表4-6）

表4-6　葱蒜类蔬菜害虫防治常用农药

害虫名称	俗　名	常用农药
葱蓟马	韭菜蓟马	啶虫脒、吡虫啉、阿维菌素
豌豆潜叶蝇		阿维菌素、灭幼脲
韭菜跳盲蝽		氟氯氰菊酯、毒死蜱
韭菜根蛆	尖眼蕈蚊	阿维菌素、毒死蜱、辛硫磷、敌百虫

八、害虫与农药的对应关系（表 4-7）

表 4-7 害虫与农药的对应关系

害虫种类	农药名称	安全间隔期（天）	单季使用次数	备　注
蚜虫	吡虫啉	7	2	在蚜虫初发时用药。（豆类瓜类对吡虫啉敏感，易产生药害）
	吡丙醚	7	2	在蚜虫初发时用药
	啶虫脒	8	3	在蚜虫初发时用药
	吡蚜酮	7	1	在蚜虫初发时用药
甜菜夜蛾与斜纹夜蛾	银纹夜蛾核型多角体病毒	3	2	生物制剂，属无公害药剂。效果好，防治高龄虫时加敌敌畏或高效氯氰菊酯可提高速效性
	甲氨基阿维菌素苯甲酸盐	7	2	在一至二龄低龄幼虫时用药
	阿维菌素	7	1	在一至二龄低龄幼虫时用药
	茚虫威	5	2	在一至二龄低龄幼虫时用药。防治高龄虫与速效药剂混用可提高速效性效果
	虫螨腈	14	2	在一至二龄低龄幼虫时用药。防治高龄虫与速效药剂混用可提高速效性
	阿维·杀单	7	2	在低龄幼虫期使用，在瓜类、豆类作物上慎用
	虱螨脲	5	2	在低龄幼虫期使用
	氯虫苯甲酰胺	1	2	在低龄幼虫期使用

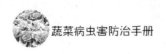

（续）

害虫种类	农药名称	安全间隔期（天）	单季使用次数	备 注
小菜蛾和菜青虫	氯虫苯甲酰胺	1	2	在低龄幼虫期使用
	甲维盐	7	2	甲维盐类农药在虫害初发生时防治
	印楝素	1～3	2	在低龄幼虫期使用
	多杀霉素	1	3	在低龄幼虫期使用
	阿维菌素	7	1	在低龄幼虫期使用
	阿维·杀铃脲	7	1	在低龄幼虫期使用
	氟虫脲	10	1	在低龄幼虫期使用
	氟啶脲	7	3	在低龄幼虫期使用
	丁醚脲	7	2	防治高龄幼虫
蓟马	吡虫啉	7	2	
	啶虫脒	2	2	
	乙基多杀菌素	1	3	盛花期施药
	吡丙醚	7	2	
地下害虫	氟氯氰菊酯	7	2	拌土行侧开沟施药或撒施，然后覆土
	辛硫磷	7	2	拌土行侧开沟施药或撒施。瓜类、豆类对辛硫磷敏感
	氯氟氢菊酯	7	3	拌土行侧开沟施药或撒施，然后覆土
黄条跳甲和猿叶甲	敌敌畏	7	2	在始发生期用药。瓜类、大豆、玉米对该药敏感
	氯氰菊酯	7	2	在始发生期用药。瓜类、大豆、玉米对该药敏感
菜地蜗牛	甲萘威＋四聚乙醛	5	2	于傍晚施于蔬菜行间，每隔1米左右施放一堆，每堆30～40粒

（续）

害虫种类	农药名称	安全间隔期（天）	单季使用次数	备 注
美洲斑潜蝇	甲维盐	7	2	始发期（出现少量虫道）用药
	灭蝇胺	7	2	始发期（出现少量虫道）用药
	氯氟氢菊酯	7	3	始发期（出现少量虫道）用药
豆荚螟和豆野螟	氯虫苯甲酰胺	1	2	花始盛期用药，用药时要对准花苞和谢落地面上落花喷雾，每开一批花喷一次药。喷药后要注意安全间隔期。（傍晚喷效果好）
	甲维盐	7	2	
	茚虫威	1	2	
烟粉虱	烯啶虫胺	7	2	7 天用药 1 次，连续用 2～3 次
	啶虫脒	8	3	始发期用药
	吡丙醚	7	2	始发期用药
	吡虫啉	7	2	在初发生时使用，间隔 2～3 天用一次，连续使用 2～3 次。对中小型塑料棚较好，对连栋（体）大棚效差（主要是空间大，用药量也要大）
	哒螨灵·异丙威	7	2	
红蜘蛛	哒螨灵	7	2	始发期用药
	阿维菌素	7	1	
	炔螨特	7	2	
	螺螨酯	7～10	3	
	虫螨腈	14	2	
茄果类瓢虫	辛硫磷	7	3	在幼虫分散前及时用药
	氯氰菊酯	5	3	
	高效氯氰菊酯	14	2	

第五章

蔬菜主要害虫

一、地下害虫

1. 蛴螬

蛴螬是金龟子的幼虫。

（1）形态特征　体肥大，体型弯曲呈 C 形，多为白色，少数为黄白色。头部褐色，上颚显著，腹部肿胀。体壁较柔软多皱，体表疏生细毛。头大而圆，多为黄褐色，生有左右对称的刚毛，刚毛数量的多少常为分种的特征（彩图 45），如华北大黑鳃金龟的幼虫为 3 对，黄褐丽金龟幼虫为 5 对。蛴螬具胸足 3 对，一般后足较长。腹部 10 节，第 10 节称为臀节，臀节上生有刺毛，其数目的多少和排列方式也是分种的重要特征。

（2）生活习性　蛴螬 1～2 年 1 代，幼虫和成虫在土中。成虫即金龟子，白天藏在土中，晚上 8～9 时进行取食等活动。蛴螬有假死和负趋光性，并对未腐熟的粪肥有趋性。幼虫蛴螬始终在地下活动，与土壤温湿度关系密切。当 10 厘米土温达 5℃时开始上升土表，13～18℃时活动最盛，23℃以上则往深土中移动，至秋季土温下降到其活动适宜范围时，再移向土壤上层。

（3）为害习性　取食作物的幼根、茎的地下部分，常将根部咬伤或咬断，为害特点是断口比较整齐，使幼苗枯萎死亡，大豆、甜菜、高粱受害较重。

2. 根蛆

根蛆俗称地蛆、粪蛆、蒜蛆等，均属双翅目花蝇科。在蔬菜田为害的根蛆主要有灰地种蝇、葱地种蝇、萝卜地种蝇3种。

（1）形态特征　各种地蛆的成虫均为小形蝇类，其形态很相似，但与家蝇的区别明显。身体比家蝇小而瘦，体长6～7毫米，翅暗黄色。静止时，两翅在背面迭起后盖住腹部末端。仔细观察，它的纵翅脉都是直的，而且直达翅缘。而家蝇的翅是白色而透明，静止时两翅向两侧"拉跨"、盖不住腹部，翅的中脉末端明显向前弯曲。以灰地种蝇为例：

成虫：雌、雄之间除生殖器官不同外，头部有明显区别，雄蝇两复眼之间距离很近，雌蝇两复眼之间距离很宽。

卵：乳白色，长椭圆形。

蛹：围蛹，红褐或黄褐色，长5～6毫米，尾部有7对小突起。

幼虫：小蛆，尾部是钝圆的，呈乳白色（家蝇蛆较大。而且尾部是较平的）（彩图46）。

（2）为害习性　灰地种蝇以蛆形幼虫钻蛀取食。秋季蛀食十字花科蔬菜如大白菜茎基部和菜帮，使其"脱帮"，造成的伤口易被细菌侵入，可诱发软腐病。百合科蔬菜鳞茎被取食后呈凹凸不平状，严重时腐烂发臭。春季甘蓝和其他十字花科蔬菜留种田受害也比较严重。葱地种蝇以蛆形幼虫蛀食植株地下部分，包括根部、根状茎和鳞茎等。常使须根脱落成为秃根。萝卜地种蝇以蛆形幼虫在秋季为害，在大白菜上窜食茎基部和周围的菜帮，造成许多弯曲的沟道，随后蛀食菜根和菜心。

（3）生活习性

①年发生代数。灰地种蝇1年发生3～4代，葱地种蝇1年发生1～4代，萝卜地种蝇1年发生1代。

②越冬场所。3种蝇都是以蛹在土中越冬。

③产卵习性。种蝇是产在种株或幼苗附近表土中，萝卜蝇是产在根茎周围土面或心叶、叶腋间，小萝卜蝇是产在嫩叶上和叶腋间，葱蝇是产在鳞茎、葱叶或植株周围的表土里。

④趋性。种蝇的成虫喜聚于臭味重的粪堆上，早晚和夜间凉爽时躲于土缝中；萝卜蝇的成虫不喜日光，喜在荫蔽潮湿的地方活

动，通风和强光时，多在叶背和根周背阴处。成虫活跃易动，春季发生数量多；葱蝇成虫多在胡萝卜、茴香及其他伞形花科蔬菜周围活动，中午活跃、喜粪肥味，更喜田、蒜气味。

3. 蝼蛄

（1）形态特征　成虫：体长30～35毫米，体长圆形，雄虫略小于雌虫。体淡黄褐色或暗褐色，腹部色较浅，全身密被短小软毛。体长约3厘米。头圆锥形，触角丝状。前胸背板卵圆形，中间具一明显的暗红色长心脏形凹陷斑（彩图47）。若虫与成虫相似。

（2）发生规律　连云港地区2年发生1代，以成虫或若虫在地下越冬。清明后上升到地表活动，在洞口可顶起一小虚土堆。5月上旬至6月中旬是蝼蛄最活跃的时期，也是第一次为害的高峰期；6月下旬至8月下旬，天气炎热，转入地下活动，6～7月为产卵盛期。9月气温下降，再次上升到地表，形成第二次为害高峰，10月中旬以后，陆续钻入深层土中越冬。

（3）为害习性　在地下咬食刚播下的种子或发芽的种子，并取食嫩茎、根，为害特点是咬成乱麻状；在地表层活动，形成隧道，使幼苗根与土壤分离，造成幼苗凋枯死亡，谷子受害较重。

4. 地老虎

蔬菜田间的地老虎主要有小地老虎和黄地老虎。

（1）小地老虎形态特征

成虫：体长16～23毫米，翅展42～54毫米；前翅黑褐色，有肾状纹、环状纹和棒状纹各一，肾状纹外有尖端向外的黑色楔状纹与亚缘线内侧2个尖端向内的黑色楔状纹相对。

卵：半球形，直径0.6毫米，初产时乳白色，孵化前呈棕褐色。

老熟幼虫：体长37～50毫米，黄褐至黑褐色；体表密布黑色颗粒状小突起，背面有淡色纵带；腹部末节背板上有2条深褐色纵带。

蛹：体长18～24毫米，红褐至黑褐色；腹末端具1对臀棘（彩图48）。

（2）为害习性　幼虫食性很杂，为害大豆、玉米、蔬菜等多种作物，白天潜伏土中，夜晚出土危害；为害特点是将茎基部咬断，常造成作物严重缺苗断条，甚至毁种。

（3）分布　世界性分布。在中国遍及各地，但以南方旱作及丘陵旱地发生较重；北方则以沿海、沿湖、沿河、低洼内涝地及水浇地发生较重。

二、菜蛾

菜蛾又名小菜蛾、两头尖、小青虫，幼虫俗称吊死鬼；属于鳞翅目菜蛾科。

1. 形态特征

成虫：灰褐色小蛾，体长 6～7 毫米，翅展 12～15 毫米。前后翅均细长，具有较长的缘毛。前翅前半部浅褐色，后半部从翅基到外缘有 1 条三度曲折的黄白色波纹。静止时两翅叠成屋脊状，黄白色部分合并成三角连串的斜方块。

卵：椭圆形，长约 0.5 毫米，宽 0.3 毫米。初产时乳白色，后变黄绿色。

幼虫：胸足、腹足俱全，趾钩排成单序环，臀足较长而往后斜伸，多在叶片上拉丝取食叶肉或潜叶，蛀食嫩梢，在其中结网状茧化蛹（彩图 49）。有趋光性。老熟幼虫纺锤形，黄绿色，体节明显，体长约 10 毫米。身体上被有稀疏的长而黑的刚毛。头部淡褐色，前胸背板上有由淡褐色小点组成的 2 个 U 形纹。臀足向后伸长超过腹部末端。

蛹：长 5～8 毫米，初期为淡绿色，后变为灰褐色。肛门周缘有钩刺 3 对，腹末有小钩 4 对（彩图 50）。

茧：纺锤形，灰白色，多附在叶片上。

2. 生活史及习性

连云港地区一般每年 6～8 代。北方以蛹越冬。4～5 月羽化，成虫昼伏夜出；白天只有在受到惊扰时，才在株间作短距离飞行。成虫产卵期可达 10 天，一般每只雌成虫产卵 100～200 粒，卵散产

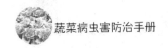

或数粒一起，分布于叶背脉间凹陷处。幼虫共分 4 龄，生育期12～27 天。老熟幼虫在叶脉附近结茧化蛹，蛹期约 9 天。菜蛾的发育适宜温度为 20～23℃。发生的高峰时期为 5～6 月和 8～10 月，秋季较春季为害严重。

以幼虫进行为害。初孵化的幼虫半潜在叶内为害，以身体的前半部伸入到上下表皮间啃食叶肉；一至二龄幼虫一般仅能取食叶肉，而留下表皮，在菜叶上造成许多透明的斑块，俗称"开天窗"；三至四龄幼虫能把菜叶食成孔洞或缺刻，有时能把叶肉吃光，仅留下网状的叶脉。幼虫有集中为害菜心的习性，对植株的生长发育造成严重影响。

菜蛾是分布最广泛的世界性害虫。中国在长江流域和南方沿海地区为害严重。菜蛾自主飞翔力较弱，但可借助风力做远距离的迁飞，迁飞时每天可飞行 1 000 千米左右。

三、菜粉蝶

菜粉蝶属鳞翅目锤角亚目粉蝶科。菜粉蝶别名菜白蝶，幼虫又称菜青虫。寄主包括十字花科、菊科、旋花科等 9 科植物，主要为害十字花科蔬菜，尤以芥蓝、甘蓝、花椰菜等受害比较严重。

1. 形态识别

菜粉蝶属完全变态昆虫，一生分为卵、幼虫、蛹和成虫 4 个阶段。

成虫：体长 12～20 毫米，翅展 45～55 毫米，体黑色，胸部密被白色及灰黑色长毛，翅白色。雌虫前翅前缘和基部大部分为黑色，顶角有 1 个大三角形黑斑，中室外侧有 2 个黑色圆斑，前后并列。后翅基部灰黑色，前缘有 1 个黑斑，翅展开时与前翅后方的黑斑相连接。常有雌雄二型，更有季节二型的现象。随着生活环境的不同而其色泽有深有浅，斑纹有大有小。通常在高温下生长的个体，翅面上的黑斑颜色深显著而翅里的黄色鳞片色泽鲜艳；反之在低温条件下发育成长的个体则黑鳞少而斑型小，或完全消失。

卵：竖立呈瓶状，高约1毫米，初产时淡黄色，后变为橙黄色。

幼虫：共5龄，体长28～35毫米，幼虫初孵化时灰黄色，后变青绿色，体圆筒形，中段较肥大，背部有一条不明显的断续黄色纵线，气门线黄色，每节的线上有两个黄斑（彩图51）。密布细小黑色毛瘤，各体节有4～5条横皱纹。

蛹：长18～21毫米，纺锤形，体色有绿色、淡褐色、灰黄色等；背部有3条纵隆线和3个角状突起。头部前端中央有1个短而直的管状突起；腹部两侧也各有1个黄色脊，在第二、三腹节两侧突起成角。

2. 生活史及习性

生态环境：发生代数因地而异。在连云港地区1年发生5～6代（表5-1）。以蛹越冬，成虫喜欢在白昼强光下飞翔，终日飞舞在花间吸蜜。越冬场所多在受害菜地附近的篱笆、墙缝、树皮下、土缝里或杂草及残株枯叶间。翌年4月中、下旬越冬蛹羽化，5月达到羽化盛期。羽化的成虫取食花蜜，交配产卵，第一代幼虫于5月上、中旬出现，5月下旬至6月上旬是春季为害盛期。2～3代幼虫于7～8月出现，此时因气温高，虫量显著减少。至8月以后，随气温下降，又是秋菜生长季节，有利于此虫生长发育。所以8～10月是5代幼虫为害盛期，秋菜可受到严重为害，10月中、下旬以后老幼虫陆续化蛹越冬。

菜粉蝶成虫白天活动，尤以晴天中午更活跃。成虫一般只选择十字花科植物产卵，且多产卵于叶背面，偶有产于正面。散产，每次只产一粒，每头雌虫一生平均产卵百余粒，以越冬代和第一代成虫产卵量较大。这些卵呈淡黄色，堆积在一起。初孵幼虫先取食卵壳，然后再取食叶片。一至二龄幼虫有吐丝下坠习性，幼虫行动迟缓，大龄幼虫有假死性，当受惊动后可蜷缩身体坠地。幼虫老熟时爬至隐蔽处，先分泌黏液将臀足固定，再吐丝将身体缠住，再化蛹。菜粉蝶发育最适温为20～25℃，相对湿度76％左右。在适宜条件下，卵期4～8天，幼虫期11～22天，蛹期约10天（越冬蛹除外），成虫期约5天。

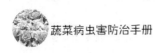
表5-1 菜粉蝶各代在全国各地的发生期

世代

地区	1	2	3	4	5	6	7	8	9
南京	4月上旬至5月上旬	5月下旬至6月下旬	6月下旬至7月上旬	7月下旬至8月上旬	8月下旬至9月上旬	9月下旬至11上旬	11月下旬至4月上旬		
北京	4月下旬至5月下旬	5月下旬至6月下旬	7月上旬至8月上旬	8月中旬至9月上旬					
上海	4月中旬至6月上旬	5月中旬至7月上旬	6月中旬至8月上旬	7月中旬至8月中旬	8月中旬至9月上旬	8月下旬至10月中旬	10月上旬至11月上旬	11月	
辽宁	6月下旬至7月上旬	7月下旬至8月上旬	8月中,下旬	9月上,中旬	成虫发生期				
长沙	2月中旬至4月中旬	4月上旬至5月中旬	5月上旬至6月中旬	6月中旬至7月中旬	7月中旬至8月中旬	8月上旬至9月中旬	9月上旬至10月中旬	10月上旬至11月下旬	
杭州	3月下旬至5月中旬	5月中旬至6月上旬	6月中旬至7月上旬	7月上旬至7月下旬	7月下旬至8月下旬	8月下旬至9月中旬	9月中旬至10月下旬	10月下旬至12月下旬	
成都	4月上旬	5月中旬	6月中旬	7月上旬	8月上旬	9月上旬	10月下旬	11月下旬	2月中旬 幼虫发生期

3. 为害特点

幼虫咬食寄主叶片。幼虫共 5 龄，二龄前仅啃食叶肉，留下一层透明表皮，三龄前多在叶背为害，三龄后转至叶面蚕食叶片成孔洞或缺刻，四至五龄幼虫的取食量占整个幼虫期取食量的 97%，严重时叶片全部被吃光，只残留粗叶脉和叶柄，造成绝产，易引起白菜软腐病的流行。菜青虫取食时，边取食边排出粪便污染。

4. 发生规律

菜青虫在连云港地区每年发生 5～6 代，越冬代成虫 3 月间出现，以 5 月下旬至 6 月为为害高峰，7～8 月因高温多雨，天敌增多，寄主缺乏，而导致虫口数量显著减少，到 9 月虫口数量回升，形成第二次为害高峰。成虫白天活动，以晴天中午活动最盛，寿命 2～5 周。产卵对十字花科蔬菜有很强趋性，尤以厚叶类的甘蓝和花椰菜着卵量大，夏季多产于叶片背面，冬季多产在叶片正面。卵散产，幼虫行动迟缓，不活泼。老熟幼虫多爬至干燥不易浸水处化蛹，非越冬代常在植株底部叶片背面或叶柄化蛹，并吐丝将蛹体缠结于附着物上。

四、菜螟

菜螟属鳞翅目螟蛾科，俗称钻心虫；又叫白菜螟、菜心野螟、萝卜螟、甘蓝螟。国内分布较普遍，尤以南方和沿海各省发生较重，主要为害甘蓝、花椰菜、白菜、萝卜、芜菁、菠菜、雪里蕻、榨菜等十字花科蔬菜。

1. 形态特征

成虫：体长 7 毫米，翅展 15 毫米，灰褐色；前翅具 3 条白色横波纹，中部有 1 个深褐色肾形斑，镶有白边；后翅灰白色（彩图 52）。

卵：长约 0.3 毫米，椭圆形，扁平，表面有不规则网纹，初产淡黄色，以后渐现红色斑点，孵化前橙黄色。

幼虫：共 5 龄，老熟幼虫体长 12～14 毫米，头部黑色，胴部

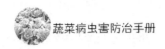

淡黄色，前胸背板黄褐色，体背有不明显的灰褐色纵纹，各节生有毛瘤，中、后胸各 6 对，腹部各节前排 8 个，后排 2 个（彩图53）。

蛹：体长约 6 毫米，黄褐色，翅芽长达第四腹节后缘，腹部背面 5 条纵线隐约可见，腹部末端生长刺 2 对，中央 1 对略短，末端略弯曲。

2. 发生特点

年发生 4 代，以老熟幼虫在避风、向阳、干燥温暖的土中吐丝，将周围的土粒、枯叶缀合成丝囊越冬，少数以蛹越冬。翌春越冬幼虫入土深 6～10 厘米作茧化蛹。成虫有趋光性，但不强，飞翔力弱，昼伏夜出。卵多散产于菜苗嫩叶上，平均每雌可产 200 粒左右。卵发育历期 2～5 天。初孵幼虫潜叶为害，隧道宽短；二龄后穿出叶面；三龄吐丝缀合心叶，在内取食，易形成"无头苗"；四至五龄可由心叶或叶柄蛀入茎髓或根部，蛀孔显著，孔外缀有细丝，并有排出的潮湿虫粪（彩图 54）。受害苗枯死或叶柄腐烂。幼虫可转株为害 4～5 株。幼虫五龄老熟，在菜根附近土中化蛹。5～9 月，幼虫发育历期 9～16 天，蛹 4～19 天。此虫喜高温低湿环境，干旱年份发生偏重。

3. 防治方法

（1）农业防治　一是耕翻土地，可消灭一部分在表土或枯叶残株内的越冬幼虫，减少虫源。二是调整播种期，使菜苗 3～5 片真叶期与菜螟盛发期错开；三是适当灌水，增大田间湿度，即可抑制害虫，又能促进菜苗生长。

（2）化学防治　此虫是钻蛀性害虫，所以喷药防治必须抓住成虫盛发期和幼虫孵化期，可选用 5％氟啶脲乳油 2 000 倍液、20％灭幼脲 1 号悬浮剂 500 倍液等喷雾防治，重点保护植株心叶。

五、甜菜夜蛾

甜菜夜蛾属鳞翅目，夜蛾科。别名白菜褐夜蛾，玉米叶夜蛾。

甜菜夜蛾是一种多食性害虫，已知的寄主植物有 171 种，在我国寄主植物有 35 科，108 属 138 种，其中包括 29 种蔬菜、19 种大田作物、21 种药用植物、9 种牧草。蔬菜上主要有豆科、旋花科、十字花科、藜科、百合科等，农作物主要有玉米、甘薯、棉花、绿豆、大豆、花生等，野生寄主有藜科、蓼科、苋科、菊科、豆科等杂草。此外，幼虫尚可钻蛀辣椒、西红柿的果实及棉花的蕾铃，造成果实腐烂和脱落。甜菜除叶片被害外，有时外露的块根也可被咬成许多孔洞。

甜菜夜蛾以幼虫取食植物叶片，初孵幼虫在叶背面集聚结网，啃食叶背面叶肉，只留上表皮，不久干枯成孔。随着虫龄增大，幼虫开始分散为害。四龄后食量大增，单子叶植物被咬成条状薄膜或破孔，双子叶植物咬成不规则破孔，上均留有细丝缠绕的粪便。老熟幼虫可食尽叶片仅留叶脉。五至六龄幼虫一夜可吃甜菜叶 16～24.8 厘米^2，占幼虫总食量的 88%～92%。酷暑季节还可食栖于作物顶部，造成嫩头枯萎，还可潜入表土为害作物根部。

1. 形态识别

成虫：体长 10～14 毫米，翅展 25～40 毫米，体和前翅灰褐色，前翅外缘线由 1 列黑色三角形小斑组成，外横线与内横线均为黑白 2 色双线，肾状纹与环状纹均黄褐色，有黑色轮廓线。后翅白色，略带粉红闪光，翅缘略呈灰褐色（彩图 55）。

卵：馒头形，卵粒重叠，成多层的卵块，有白绒毛覆盖。

幼虫：幼虫体长约 30 毫米，体色变化大，绿、暗绿、黄褐、黑褐色；幼龄时，体色偏绿。头褐色，有灰色白斑。前胸背板绿色或煤烟色。气门后上方有圆形白斑（彩图 56）。

蛹：长约 10 毫米，3～7 节背面和 5～7 节腹面有粗点刻。臀刺 2 根呈叉状，基部有短刚毛 2 根。

2. 生活史及习性

甜菜夜蛾原产于亚洲南部，是一种热带或亚热带昆虫，对高温有较强的适应能力，且无滞育特性，在热带和亚热带地区能常年为害，在不同的地区，年发生的世代数不同。据中国农业科学院植保

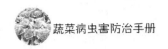

所的报道，蛹是越冬能力最强的一种虫态，但在冬季温度低于0℃的时间多于38天的地区全部死亡。甜菜夜蛾在我国的越冬北界大约位于北纬38度左右，即1月－4℃等温线地区，大约位于河北省中南部、河南、陕西、山西一带。但越冬死亡率高，越冬虫源不足以导致当地甜菜夜蛾的大发生。东北、西北、北京、河北北部的甜菜夜蛾是由我国南方地区北迁而来。

连云港地区一般年发生4～5代，以蛹越冬。1代幼虫多发生在杂草上，也为害小麦、春玉米等；2代为害夏玉米、大豆等；3～4代幼虫数量最多，为害最严重，发生时间在8～9月，开始为害各种秋菜。各地的发生世代数（表5-2）。

成虫白天躲在杂草及植物茎叶的浓荫处，受惊时作短距离飞行后，又很快落于地面。夜间活动，有趋光性，在气温20～23℃、相对湿度50%～75%，风力在4级以下，无月光时最适宜成虫活动。趋化性弱。甜菜夜蛾有较强的飞行能力，研究表明，甜菜夜蛾不仅是一种远距离迁飞害虫，而且也是至今被确认的飞行距离最远的昆虫之一。

甜菜夜蛾成虫羽化后第一天即具备交尾能力，交尾活动发生在黑夜，以午夜后为多。雌蛾一生交尾平均2次左右，最多的可达5～6次。甜菜夜蛾产卵前期平均2天，产卵期2～9天。甜菜夜蛾产卵活动一般是在夜间进行，产于寄主植物背面，卵排列成块，覆以灰白色鳞毛。每块卵卵粒数不等，少则十余粒，多则上百粒。卵粒一般单层排列，但也有重叠排列的。雌蛾前1～4天产卵量最高，之后急剧下降。在产卵期间部分雌蛾有间歇产卵的习性，停产时间可达1～3天。平均每雌产卵量在400～600粒，最高的可达1 000粒。成虫寿命7～10天。卵期2～6天，幼虫共5龄（彩图57），少数幼虫6龄。

一至三龄幼虫食量小，群集叶片背面吐丝结网，在内取食；三龄后分散活动。当气温高，虫量大，又缺乏食物时，幼虫可成群迁移。四龄以后食量大增，昼伏夜出，白天常栖息于叶背、地面或潜入土中，早晚、夜间及阴天取食为害。下午6时开始向植物上部迁移，早晨 4 时后开始向下部迁移。遇阴天或在茂密作物上，幼虫下移时间较晚，雨天不大活动。幼虫有假死性，受惊扰即落地。在室内饲养时，如幼虫密度过大而又缺乏食料时，幼虫可互相残杀。幼虫期 11～39 天。老熟幼虫多在疏松表土内做土室化蛹，也有在土表或杂草地化蛹，如表土坚硬时，可在表土化蛹，一般化蛹深度为0.2～2 厘米。蛹期 7～11 天。

表 5-2　甜菜夜蛾在各地的发生世代数

地区	台湾	广东	厦门	河南	北京	山东	陕西
世代数	10～11	10～11	9～10	5～6	5	5	4～5

3. 发生与环境的关系

（1）气候条件　甜菜夜蛾是喜温而又耐高温害虫，高温干旱利于甜菜夜蛾大发生。卵、幼虫和蛹对高温的临界发育温度分别为37.23℃、43.76℃和 43.01℃。这也说明甜菜夜蛾较耐高温。在26～28℃，各虫态的发育状况较理想，其中卵孵化率在 82.7%～84.3%；幼虫成活率 87.3%～90.3%；蛹羽化率在 92.3%～93.7%。在 24～28℃时产卵量最高，每头雌虫平均可产卵502～608 粒。

1997 年 7 月河南省平均气温 28.4℃，较常年偏高 2.3℃，降水 70.3 毫米，较常年偏少 139.1 毫米；8 月平均气温 26.9℃，较常年偏高 1.4℃，降水 192 毫米，较常年偏多 38.2 毫米，8 月大部分时间气候有利于其发生。由于 1997 年持续干旱，湿度低，气候干燥，特别适合甜菜夜蛾的发生。甜菜夜蛾其抗寒力因虫期不同而有差异。以蛹期及卵期的抗寒力最强，成虫和幼虫的抗寒力较弱。蛹的过冷却点是－17.6℃，是所有虫态中生存能力最强的虫态。另外，所有虫态在其过冷却点以上时即发生死亡，也就是说，甜菜夜蛾体内结冰时即不能生存，因此，甜菜夜蛾属于不耐冻类昆虫。

（2）种植结构　甜菜夜蛾为多食性害虫。从甜菜夜蛾幼虫在不同寄主上的取食、发育试验结果看出，甜菜夜蛾幼虫最喜食苋菜，其次为油菜和白菜，不喜欢取食大豆叶。从初孵幼虫发育到老熟幼虫，所需时间依次为 9 天、10 天、11 天和 19 天，田间观察也可看

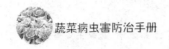

出，低龄甜菜夜蛾幼虫主要集中在豆田内的苋菜上或相邻蔬菜田为害，大龄幼虫才转移至大豆上为害。近年来作物布局以插花式栽培为主，由于各种作物播期长，茬口多，为甜菜夜蛾提供了充足的食源，使其适生时间延长。初孵幼虫主要集中在豆田内的苋菜上或相邻蔬菜地内取食，三龄以后才转移至豆叶上为害。由于作物播种多样化，甜菜夜蛾可在多种寄主上转移为害，有利于各代的繁衍生存。随着耕作制度的改变，保护地蔬菜面积逐年扩大，这些场所冬季地温偏高，为甜菜夜蛾提供了安全越冬存活的场所。

（3）天敌　甜菜夜蛾的寄生性和捕食性天敌资源很丰富，特别是幼虫寄生性天敌种类很多。在各地不同作物上天敌组成不同，各具不同的优势种，对当地甜菜夜蛾起着一定的控制作用。

如螟蛉悬茧姬蜂、棉铃虫齿唇姬蜂、螟蛉绒茧蜂、侧沟茧蜂等，主要寄生于甜菜夜蛾二至四龄幼虫；球孢白僵菌，寄生于甜菜夜蛾幼虫和蛹；苏云金杆菌，寄生于甜菜夜蛾幼虫和蛹；甜菜夜蛾核型多角体病毒，寄生于甜菜夜蛾幼虫和蛹。这些天敌对甜菜夜蛾自然种群的控制起到了一定的作用。

陈太春等（2015）对几种药剂处理对甘蓝甜菜夜蛾田间防效试验研究表明，生物源农药 20 亿 PIB/毫升甘蓝夜蛾核型多角体病毒悬浮剂和 1％甲氨基阿维菌素苯甲酸盐乳油对甘蓝甜菜夜蛾的防效显著，药后 7 天防效分别为 90.10％和 84.12％，药效持效性好，且具有低毒、低残留和对环境安全的特点，值得进一步推广。

六、斜纹夜蛾

斜纹夜蛾，又名莲纹夜蛾，斜纹夜盗虫，属鳞翅目夜蛾科。食性杂，寄主植物已知有 99 科 290 多种，其中主要的是棉花、烟草、花生、芝麻、薯类、豆类、瓜类、十字花科蔬菜等。在蔬菜上，低龄幼虫啃食叶肉，剩下表皮和叶脉，使被害叶片呈网状。老龄幼虫取食叶片时造成孔洞，严重时仅剩主脉。喜食蔬菜下部叶片，也食害花和果。

1. 形态识别

成虫：体长 16～21 毫米，翅展 37～42 毫米。体灰褐色，头、胸部黄褐色，有黑斑，尾端鳞毛茶褐色；前翅黄褐色至淡黑褐色，中室下方淡黄褐色，翅基部前半部有白线数条，内、外横线灰色，波浪状，其间有自内横线前缘斜伸至外横线近后缘 1/3 处的灰白色阔带，灰白色阔带中有 2 条褐色线纹（雄蛾的褐色线纹不显著）；环状纹不明显，肾状纹前半部白色，后半部为黑褐色；外缘暗褐色，其内侧有淡紫色横带，此横带与外横线之间上段为青灰色，有铅色反光。后翅白色，有紫色反光，翅脉、翅尖及外缘暗褐色，缘毛白色。

卵：扁半球形，直径约 0.5 毫米，卵面有纵棱和横道，纵棱约 30 余条。初产时卵黄白色，后变为灰黄色，孵化前呈暗灰色。卵粒常三、四层重叠成块。卵块椭圆形，其上覆有雌虫的黄褐色鳞毛。

幼虫：老熟幼虫体长 38～51 毫米，圆筒形。体色因虫龄、食料、季节而变化。初孵幼虫体为绿色，二至三龄时为黄绿色，老熟时多数为黑褐色，少数为灰绿色；头部、前胸及末节硬皮板均为黑褐色；背线、亚背线橘黄色，沿亚背线上缘每节两侧各有一个半月形黑斑，其中腹部第一节和第八节上的最大；在中、后胸及腹部第二至第七节半月形斑的下方有橙黄色圆点，中、后胸的尤为明显；气门线暗褐色；气门椭圆形，黑色，其上侧有黑点；气门下线由污黄色或灰白色斑点组成（彩图 58）。

蛹：体长 18～20 毫米，圆筒形，末端细小；体赤褐至暗褐色；胸部背面及翅芽上有细横皱纹，腹部光滑，但第四节背面及第五至第七节背、腹面前缘密布圆形刻点；气门椭圆形隆起，黑褐色；腹端有粗刺一对，基部分开，尖端不呈钩状。

2. 生活史及习性

连云港地区，年发生 5 代。年发生世代数随地理纬度不同而异，地理纬度较高的河北年发生 4 代，山东、安徽（阜阳）5 代，湖北（武昌、江陵）、南京、上海 5～6 代（表 5-3）。

表 5-3　我国各地斜纹夜蛾各代成虫发生期

地点	代　次									
	越冬代	一	二	三	四	五	六	七	八	九
湖北汉川	—	—	—	7月下旬至8月中旬	9月下旬至10月上旬	10月下旬至11月下旬	—	—	—	—
江苏南京	—	—	8月上、中旬	9月上、中旬	10月上、中旬	11月下旬	—	—	—	—
安徽安庆	—	—	—	8月中、下旬	9月中、下旬	11月上旬	—	—	—	—

　　成虫羽化多在夜间，偶见白天发生的。羽化高峰在日落或光照结束后 1～2 小时，交配也常常发生在日落后 1～2 小时，并且 80％的交配发生在午夜前。

　　羽化后成虫静栖 10～30 分钟，而后爬动、飞行。白天静伏在土表、土缝、繁茂植物的叶背、落叶下、杂草丛中等，傍晚始飞行。飞行以 20～24 时为盛。雌蛾羽化当晚即可交配。雄蛾羽化当天无交配能力，而后交配能力随蛾龄增加而提高，4 日龄蛾达到高峰，此后下降。自然光照下，一夜间雄蛾有两个求偶高峰，一个在日落后 1 小时，另一个在日出前 3 小时。雌蛾交配当晚或次日晚便可产卵。未交配的雌虫绝大多数不产卵，即使产卵，卵也不孵化。一生可交配多次，但一夜交配 2 次以上的很少。

　　卵多产于寄主植物叶背，卵粒多成层排列成块状，每一卵块一般为 2～3 层卵粒，每个卵块有卵数十粒至数百粒不等，通常为 100～200 粒。卵块表面密被雌蛾的灰黄色鳞毛。一头雌蛾一般可产 3～5 块卵。在 25℃、（75±5）％RH、13L、11 天并供以 10％白糖水条件下，一头雌虫平均产卵数为 3 260 粒。一般情况下，一头雌虫平均产卵数为 1 712 粒或 1 878 粒。

　　产卵时对寄主有明显的偏好。据在田间调查，几种寄主的着卵量多少依次是：蓖麻＞豇豆＞棉花＞玉米＞向日葵。据此，可用蓖麻作为诱集产卵的植物。卵刚产出时为乳白色，随着胚胎发育颜色逐渐变深，孵化前变为浅黑色。在（24±1）℃下经 87 小时左右孵化。

初孵幼虫群集于卵块附近取食，遇惊扰或有风时即爬散开或吐丝下垂随风飘散。二龄开始分散取食。在蔬菜上，一至三龄幼虫多在菜叶背面取食下表皮及叶肉，叶面出现透明斑。一般在三龄后分散取食，取食叶片，被食叶片出现孔洞。低龄幼虫白天和晚上均有取食活动，四龄后取食多在傍晚和夜间。五龄的取食活动呈间歇性，一昼夜内取食 34 次左右，每次历时 7 分钟左右，每次取食活动纯粹用于取食的时间约 6 分钟。

幼虫老熟后取食活动停止，钻入土壤内作一椭圆形土室，化蛹其中。土室离地表一般不超过 3 厘米。土壤过于干燥时，多在土缝中或枯枝落叶下化蛹。室内变温条件下蛹发育历期 8～18 天，一般 8 天左右。

研究表明，幼虫期的死亡率非常低，预蛹期、蛹期和成虫期的死亡率较高。成虫期的死亡率虽高，但死亡多发生于后期，羽化初期死亡的也少。预蛹期的死亡率高于蛹期。一龄幼虫的死亡率约为 2％，六龄死亡率约为 1％，预蛹死亡率约为 23％，蛹死亡率约为 15％，雌蛾死亡率约为 33％，雄蛾死亡率约为 26％。

3. 发生与环境的关系

（1）气候　斜纹夜蛾是一种喜温、喜湿性昆虫，28～30℃、湿度 75％～85％的温湿组合最适其生长发育。耐高温，33～35℃时仍可正常生活。不耐低温，长期处于 0℃条件下，基本不能存活。

（2）食物　食物影响幼虫发育历期、成虫生殖力。例如取食芋叶和白菜叶时，幼虫的发育历期为 13 天，取食花生叶和番薯叶时为 18 天；取食老棉叶时，幼虫的发育历期为 21～25 天，取食嫩叶时为 17～23 天；取食老蓖麻叶时 15～19 天，取食嫩叶时 14～18 天。取食十字花科蔬菜和水生蔬菜时，幼虫发育快，成活率高，成虫产卵多。

（3）土壤　土壤含水量低于 20％时不利于化蛹、羽化。田间积水时，对羽化也不利。

（4）天敌　天敌较多，常见的有小蜂、绒茧蜂、姬蜂、寄生蝇、螳螂、步甲、蜘蛛、泽蛙、蟾蜍以及斜纹夜蛾核多角体病毒、斜纹夜蛾颗粒体病毒、斜纹夜蛾微孢子虫等，它们对斜纹夜蛾种群数量有相当显著的自然抑制作用。

七、烟粉虱与温室粉虱

我国菜田所见的粉虱有温室粉虱和烟粉虱，都属半翅目粉虱科。

1. 为害特点

包括直接和间接两个方面。

（1）直接为害　即是吸取寄主植物叶内汁液，造成寄主营养缺乏，影响寄主的正常生理活动。

（2）间接为害　是指一方面其排出的大量蜜露招致灰尘污染叶面和霉菌寄生，影响寄主的光合作用和外观品质，另一方面是作为植物病毒的传播媒介，引起寄主植物的病毒病发生。

成虫、若虫在植株叶片和嫩茎上刺吸汁液，并分泌蜜露污染叶片，影响叶片的光合作用，蜜露会诱发煤污病，如受害棉花的棉絮布满蜜露，纤维受到严重污染。若虫吸食时所分泌的唾液会破坏叶绿素和淀粉，有时使细胞的质壁分离，所以受害叶常出现褪绿斑，气温低时出现黑红斑。不同寄主植物受害后的症状不尽相同：叶菜类植物表现为叶片萎缩、黄化、枯萎；根茎类植物表现为白化、无味、重量减轻；果菜类植物表现为果实成熟不均匀（如番茄）或叶片表现为银叶（如西葫芦）；花卉植物表现为白茎、叶片黄化落叶；棉花叶正面出现褪色斑，虫口密度高时有成片黄斑出现，严重时导致蕾龄脱落，影响棉花产量和纤维品质。

传播植物病毒病是烟粉虱的间接为害。烟粉虱可在30种作物上传播70种病毒病，传播病毒病所造成的经济损失甚至比直接为害还要严重。烟粉虱在北京的蔬菜上严重为害，黄瓜、番茄、茄子、甜瓜和西葫芦等受害较重，有时损失可达七成以上。

烟粉虱不同的生物型所传播的病毒类型也不同，如 A 和 B 型传播新旧大陆联体病毒和莴苣黄叶病毒（LIYV），E 型传播金色花叶病毒（AGMV），J 型传播番茄黄卷叶病毒（也门品系）（TYLCV-Ye），N 型传播麻风树属（*Jatropha*）花叶病毒（JMV），非木薯型传播新大陆联体病毒，木薯型传播非洲木薯花叶病毒（ACMV），秋葵型传播旧大陆联体病毒，Sida 型传播新大陆联体病毒。在我国，烟粉虱可传播的病毒包括番茄黄曲叶病毒（*Tomato yellow curl virus*，TYLCV），番茄曲叶病毒（*Tomato leaf curl virus*，TomLCV），烟草曲叶病毒（*Tobacco leaf curl virus*，TLCV），南瓜曲叶病毒（*Squash leaf curl virus*，SqLCV）。传播烟草病毒病时，病毒需在烟粉虱体内经历一定的潜育期，但不在其体内增殖。

2. 形态识别

（1）烟粉虱 又称棉粉虱、甘薯粉虱，1889 年首先在希腊的烟草上发现并被定名为 *Aleyrodes tabaci*。由于其形态的变异性，而有 22 个同物异名。

成虫：体长约 1 毫米，体及翅覆有细微的白色蜡质粉状物，体淡黄色；复眼肾脏形，黑红色，单眼 2 个，靠近复眼；触角发达，7 节，白色。翅 2 对，休息时呈屋脊状。翅脉简单，前翅有纵脉 2 条，后翅 1 条；跗节 2 节，约等长，端部具 2 爪，并有爪间鬃。雌虫尾端尖形，雄虫呈钳状（彩图 59）。

卵：长约 0.2 毫米，弯月状，以短柄黏附于叶背。初产时呈黄白色，近孵化时呈黑色；

若虫：共 4 龄，初孵若虫椭圆形，扁平，灰白色，稍透明，有 3 对胸足，体周围有蜡质短毛，尾部有 2 根长毛，能活动。二龄以后触角与足等附肢消失，仅有口器，若虫固定在叶片背面取食，很像介壳虫，体色灰黄色。末龄若虫称为伪蛹，长约 0.7 毫米，椭圆形，后方稍收缩，淡黄色，稍透明，背面显著隆起，并可见黑红色复眼。

蛹：壳卵圆形，长 0.8～1 毫米，全体淡黄色，中胸部分最宽，

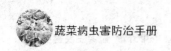

中胸缝及横缝不及亚缘部，中、后胸及腹部各节在背面清晰可辨。

（2）温室白粉虱

成虫：体小，全身及翅覆有白色蜡粉。雌虫体长约 1.1 毫米，雄虫约 1.0 毫米，喜聚集于叶背。卵多散产，偶或数卵成月牙形排列。刚羽化的成虫翅在背面折叠，约 10 分钟后展开，半透明，后全身布满蜡粉。

卵：椭圆，长约 0.21 毫米，宽约 0.09 毫米。卵柄长约 0.12 毫米，埋在植物组织中。初产卵浅绿色，孵化前渐呈深褐色。

若虫：共 3 龄，一龄若虫长约 0.27 毫米，浅黄绿，胸足和触角发达；二、三龄若虫各长约 0.38 和 0.55 毫米，足和触角萎缩，营固着生活。

蛹壳：虫体渐伸长并加厚，体色黄褐，背面长出许多蜡突，晚期椭圆形，长可达 0.76 毫米。

3. 生活史及习性

烟粉虱在热带和亚热带地区一年可发生 11～15 代，且世代重叠。在温暖地区在杂草和花卉上越冬；在寒冷地区在温室作物和杂草上过冬。白粉虱在温室内 1 年可发生多代。以各虫态在温室蔬菜上越冬并继续危害。

羽化时成虫从蛹壳背裂缝口中爬出。羽化后 12～48 小时开始交配。一生可交配数次，交配后 1～3 天即可产卵，平均每头雌虫产 150 粒。也可进行孤雌生殖，后代都是雄性。成虫比较活泼，白天活动，温暖无风的天气活动频繁，多在植物间作短距离飞翔。有趋向黄绿和黄色的习性，喜在植株顶端嫩叶上为害。卵多产于植株上、中部的叶片背面。最上部的嫩叶以成虫和初产的绿卵为最多，梢下部的叶片多为变黑的即将孵化的卵，再下部多为初龄若虫、老龄若虫，最下部则以伪蛹及新羽化得成虫为多。在寄主植物打顶以前，白粉虱的分布一般情况是如此。因此，不同的叶位可以看到不同的虫态，就是在同一片叶上也仍可见到白粉虱的不同虫态。

卵由于有卵柄与寄主联系，可以保持水分平衡，不易脱落。若虫孵化后在叶背可作短距离游走，数小时至 3 天找到适当的取食场所后，口器即插入叶片组织内吸食，一龄若虫多在其孵化处活动取食。二龄后各龄若虫以口器刺入寄主植物叶背组织内，吸食汁液，且固定不动，直至成虫羽化。在卵量密度高的叶片上，常可看到若虫分布比较均匀的现象。白粉虱的成虫对黄色有很强的趋性，飞翔能力很弱，向外迁移扩散缓慢。

发育时间随所取食的寄主植物而异，在 25℃ 条件下，从卵发育到成虫需要 18～30 天，成虫寿命为 10～22 天。每头雌虫可产卵 30～300 粒，在适合的植物上平均产卵 200 粒以上。

4. 发生与环境的关系

（1）气候条件 白粉虱属于热带和亚热带地区的主要害虫。因此，喜欢较高的温度。在 26～28℃ 为最佳发育温度。烟粉虱在干、热的气候条件下易爆发，适宜的温度范围宽，耐高温和低温的能力均较强，发育的适宜温度范围在 23～32℃，完成一代所需要的时间随温度、湿度和寄主有所变化。

（2）天敌 烟粉虱的天敌资源丰富，主要有膜翅目、鞘翅目、脉翅目、半翅目和捕食性螨，以及一些寄生真菌等。在世界范围内，烟粉虱有 74 种寄生性天敌（恩蚜小蜂属和桨角蚜小蜂属等），62 种捕食性天敌（瓢虫、草蛉和花蝽等）和 7 种虫生真菌（拟青霉、轮枝菌和座壳孢菌等）。

八、菜蚜

菜蚜是为害十字花科蔬菜蚜虫的统称，我国已知菜蚜种类有 3 种，即桃蚜、萝卜蚜、甘蓝蚜，均属半翅目蚜科。我地主要蚜虫是桃蚜和萝卜蚜，桃蚜的寄主有 352 种，除为害十字花科蔬菜外，还为害烟草、茄子、马铃薯以及桃等蔷薇科果树；萝卜蚜寄主有 30 余种。

1. 为害特点

菜蚜以成、若蚜密集在幼苗、嫩茎、嫩叶和近地面的叶背刺吸植株的汁液（彩图60），由于繁殖量大，密集为害，使受害植株失去养分和水分，叶面皱缩、发黄，严重时使外叶塌地枯萎，称之为"塌帮"，使菜不能包心，严重地影响蔬菜的产量与品质。此外，三种蚜虫还传播十字花科蔬菜的病毒病，如黄瓜花叶病毒（CMV）、花椰菜花叶病毒（CauMV），其为害程度已远远超过了蚜虫直接造成的损失。

2. 形态识别

以萝卜蚜为例：

（1）有翅胎生雌蚜　头、胸黑色，腹部绿色。第1～6腹节各有独立缘斑，腹管前后斑愈合，第1节有背中窄横带，第5节有小型中斑，第6～8节各有横带，第6节横带不规则。触角第3～5节依次有圆形次生感觉圈：21～29、7～14、0～4个。

（2）无翅胎生雌蚜　体长2.3毫米，宽1.3毫米，绿色或黑绿色，被薄粉。表皮粗糙，有菱形网纹。腹管长筒形，顶端收缩，长度为尾片的1.7倍。尾片有长毛4～6根。

3. 生活史及习性

萝卜蚜其生活史为非全周期型，每年发生代数因地而异。在华南1年发生40余代，且全年可孤雌胎生连续繁殖。温带地区以无翅雌蚜在蔬菜心叶或杂草上越冬。在北方以无翅胎生雌蚜随冬贮菜在菜窖内越冬或以卵在秋白菜和十字花科留种株上越冬，寒冷地区都以卵越冬。一般越冬卵于次年3～4月孵化为干母，在越冬寄主上繁重数代后，产生有翅蚜而转至大田蔬菜上危害。以春（4～6月）和秋（9～10月）二季为害最重。到晚秋继续胎生繁重，或产生雌、雄蚜交配产卵越冬。

萝卜蚜有趋嫩绿习性，多群集在蔬菜心叶及花序上危害；桃蚜则喜聚集在底叶背面及外叶上活动的习性。

萝卜蚜为寡食性。如萝卜蚜已知寄主30多种，以十字花科为主。但萝卜蚜喜寄生在叶面蜡质少而多毛的白菜、萝卜等蔬菜上为害。但桃蚜为多食性蚜虫，能为害不同科的寄主植物，包括许多亲缘关系很远的植物。

蚜虫对光的反应最为敏感。一般白天起飞，夜间不起飞，对波长 550～600 纳米的光，有趋性反应。多数蚜虫对黄色趋性极强，不同黄色对蚜虫引诱力差异很大，据研究显示，用 9 种颜色的诱蚜皿对菜蚜进行诱集实验，其中以金盏黄最好；用 17 种颜色的色板对菜蚜做诱蚜实验，其中以乳鸭黄最好，其次为琥珀黄、鼬黄、大豆黄和迎春黄。同时，蚜虫对某些色泽存在驱避性。实验证明，避蚜效果依次为锡箔膜、银灰膜、半反光膜最好，可以减少蚜虫在蔬菜苗期传毒和为害，增产作用较为显著。

4. 发生与环境的关系

（1）温度　蚜虫与其他昆虫相比，具有耐低温能力强，发育起点温度低和完成一个世代时间短的特点。如甘蓝蚜的发育起点温度为 4.3℃，有效积温为 112.6℃。一般来说，温度不仅影响成虫产蚜量，而且还影响其寿命和产蚜速率。如桃蚜的成虫寿命和产蚜时间随温度的升高而略有缩短。不同温度条件下蚜虫的发育速率有明显的差别。当温度为 9.9℃时，桃蚜平均完成一个世代的发育历期为 24.5 天，而在 25℃时只需 8 天；萝卜蚜在 9.3℃的环境中发育期有 17.5 天，而 27.9℃时仅需 4.7 天。

（2）湿度　蚜虫一般在相对湿度 50%～85%生长发育较适宜，当高于 90%或低于 40%时对蚜虫有抑制作用。相对湿度与温度往往对蚜虫起着综合作用。在河南许昌，桃蚜在烟草上为害时，当 5 日平均相对湿度高于 80%，温度超过 26℃时，桃蚜表现下降；如果温度不超过 26℃，相对湿度仍在 90%时，蚜量继续上升。

（3）降雨　降雨是限制蚜虫猖獗发生的一个重要原因，特别是遇到暴雨时，强烈的机械冲刷作用使蚜量急剧下降；长期的阴雨天气还常导致蚜霉菌的发生，其控制蚜量的作用更为明显。

（4）风　风对有翅蚜迁飞有其重要影响。蚜虫的迁飞量随风速的加大而减少，在无风的条件下迁飞量较大。

（5）天敌　天敌的存在也在很大程度上抑制着蚜虫量的增长。

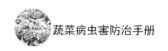

据不完全统计，已发现取食蚜虫的昆虫有 10 目 28 科 342 种，能捕食蚜虫的蜘蛛有 16 科 86 种。此外，尚有对蚜虫控制作用较大的蚜霉菌等。

我国有捕食蚜虫的天敌约 41 科 347 种，其中瓢甲科有 106 种，食蚜蝇 38 种，猎蝽 24 种，草蛉 17 种，褐蛉 9 种，姬蝽 14 种，隐翅虫 10 种。对于这三种蚜虫而言，重要的捕食性天敌有以下几种：异色瓢虫、七星瓢虫、龟纹瓢虫、大草蛉、丽草蛉、小花蝽、黑食蚜盲蝽、黑带食蚜蝇、大灰食蚜蝇等。蚜虫的寄生性天敌主要有蚜茧蜂和蚜小蜂两类。在自然条件下，当天气干燥，降雨少，温度在 20～25℃的时期，田间寄生蚜出现较多。

常见的有：麦蚜茧蜂、桃蚜茧蜂、菜蚜茧蜂、烟蚜茧蜂等。在自然界，引起蚜虫致病的微生物，主要是接合菌亚门的虫霉属真菌，在我国主要有两种，即蚜虫霉与弗雷生虫霉。

（6）施肥与地势等的影响　在东北施用炕土的菜园菜蚜发生轻，施厩肥的发生重，这可能与蔬菜含氮量、叶片嫩绿有关。一般地势高比低洼田块发生重。此外，在北方冬季和早春大白菜削梢脱帮，萝卜削顶，可消灭一部分越冬的蚜虫，减少春季的虫源。

5. 虫情调查及预测方法

（1）黄板诱蚜预测　利用蚜虫的趋黄习性，在黄色板或圆筒表面涂上黏液（凡士林、黄油等），将迁飞到上面的蚜虫粘住，然后定期计数，从有翅蚜的数量消长来确定迁飞高峰期。

（2）水捕法　这是我国诱捕蚜虫的主要方法，也利用有翅蚜在迁飞过程中有趋黄习性，以黄色盛水的盘子中加薄层水，滴上洗涤剂和杀虫剂，使诱入盘内的蚜虫落水而死。此法可做全年观察蚜虫迁飞规律，以预测病毒病的方法，逐日检查。每天检查的时间，秋冬季在下午 5 时，盛夏时在下午 6 时进行。每日收集蚜虫记数后，更换水层，加适量洗衣粉和敌百虫，以利粘杀蚜虫。

（3）利用成蚜与若蚜比率预测　当蚜群密度及环境条件恶化时，若蚜所占比例显著下降，继而出现有翅蚜迁飞扩散。据京津地区 4 年在 8 种蔬菜上的系统观察。总结出桃蚜出现有翅若蚜前 4～6 天，其若蚜占成蚜的数量为 2.2%～2.9%；萝卜蚜有翅若蚜出现前 5～6 天，其若蚜占成蚜的数量为 8.6%～9.2%。在出现有翅若蚜之前是防治的适期。

6. 防治方法

（1）农业防治

①合理规划。对于蚜虫来说，合理的作物布局，搞好间作套种等形式，效果较好。用玉米、马铃薯、韭、芹菜与白菜间作或套作，均有避蚜防病的作用，兼有减少菜青虫和小菜蛾的作用。合理选择苗床，十字花科蔬菜苗床位置应尽可能选择远离十字花科菜地，留种菜地及桃、李果园；葫芦科蔬菜苗床则尽可能选择远离木槿多的地方，以减少棉蚜迁入。

②改进栽培技术。适期播种避蚜，选择适宜的播种期，是预防蚜害的措施之一。选用抗病虫品种，如大白菜品种有大青口、小青口；萝卜品种有枇杷缨等都比较抗病虫。塑料薄膜驱蚜，从避蚜效果看，依次为银色膜＞铝箔蒸普膜＞透明膜＞藏青无纹膜＞黑色膜用银色膜覆盖栽培黄瓜，一个月后，处理区平均 50 张叶片仅有蚜虫 2 头，而对照区有 21 头；用银色地膜覆盖栽培秋萝卜，播后一个月，几乎可以防止有翅蚜来。修剪枝叶除蚜，摘除有蚜虫的底叶和老叶，除可以减少密集于叶上的蚜虫外，还可使行间通风透光，减轻蚜害的发生；十字花科蔬菜收获后，及时处理枯黄老叶，可减轻萝卜蚜、桃蚜、甘蓝蚜对下茬十字花科蔬菜的为害。

（2）生物防治　保护利用天敌。蚜虫的天敌很多，在田间操作或使用农药防治蚜虫时应注意对天敌的保护。捕食性天敌草蛉、瓢虫、食蚜蝇、蜘蛛等每天每头可捕食 80～160 头蚜虫，对蚜虫有一定的控制作用。另外，寄生蜂蚜虫霉菌对蚜虫也有相当的控制力。所以在化学防治时，少用光谱性的杀伤天敌的农药以保护天敌。释放人工饲养草蛉、瓢虫至田间，或在夏秋季节人工助迁麦田油菜田瓢虫于菜地，都有很好的效果。

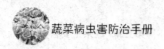

（3）化学防治

①拌种。10％吡虫啉粉剂，占种子量 1％直接拌种即可播种。

②喷雾。蚜虫可用内吸触杀低毒农药，不宜采用广谱高残留农药。使用 10％啶虫脒、10％吡虫啉 2 000 倍液喷雾；兼治鳞翅目害虫时，可以混用菊酯类、阿维菌素类药剂增强效果。

九、斑潜蝇类

1. 为害特点

成虫用产卵器把卵产在叶中，孵化后的幼虫在叶片上、下表皮之间潜食叶肉，嗜食中肋、叶脉，食叶成透明空斑，造成幼苗枯死，破坏性极大。幼虫常沿叶脉形成潜道（彩图 61），还取食叶片下层的海绵组织，从叶面看潜道常不完整。

2. 形态特征（表 5-4）

表 5-4　美洲斑潜蝇和南美斑潜蝇的形态区别

虫态	美洲斑潜蝇	南美斑潜蝇
卵	较小，（0.2～0.3）毫米×（0.10～0.15）毫米，通常产于叶片正面上表皮下，反面很少	较大，（0.27～0.32）毫米×（0.14～0.17）毫米，叶片正、反面均可产卵
幼虫	虫体呈均匀一致的橙黄色，后气门突具 3 个气孔	乳白色，微透明，有些个体带少量黄色，但绝不呈均匀一致的橙黄色。后气门突具 6～9 个气孔
蛹	鲜黄色至黄褐色	淡褐色至黑褐色
成虫	头部外顶鬃着生处暗色，内顶鬃着生在黄与暗交界处。胸部中侧片黄色，下缘带黑色斑。足基节、腿节黄色。前翅中室较小，M_{3+4} 末段长为次末段的 3 倍（彩图 62）	头部内外顶鬃均着生于暗色处，胸部中侧片下方 1/2 至大部分为黑色，仅上方黄色，足基节黄色具黑纹，腿节具黑色条纹至几乎全黑色。前翅中室较大，M_{3+4} 末段长为次末段的 1.5～2.0 倍

3. 生活习性

均温 11～16℃，最高不超过 20℃，利于该虫发生；2 种斑潜蝇的发育起点及有效日积温（表5-5）。

表 5-5 美洲斑潜蝇和南美斑潜蝇的发育起点及有效日积温

虫态	美洲斑潜蝇		南美斑潜蝇	
	起点温度（℃）	有效日积温（℃）	起点温度（℃）	有效日积温（℃）
卵	8.9	57.5	9.25	33.06
幼虫	10.1	53.9	5.27	193.74
蛹	9.6	151.9	7.91	141.95
全生育期	9.5	264.2	7.00	319.00

4. 防治方法

针对美洲斑潜蝇抗药性发展迅速，抗性水平高的特点，贯彻"预防为主，综合防治"策略。

（1）加强农业防治 适当轮种非寄生植物，切断其食物来源。早春和秋季蔬菜种植前，彻底清除菜田内外杂草、残株、败叶，并集中烧毁，减少虫源。种植前深翻菜地，活埋地面上的蛹。露地种植应进行秋耕冬灌，深耕20厘米和适时灌水浸泡能消灭蝇蛹，清除田边地头杂草。发生盛期，中耕松土灭蝇。另外如在温室发现蔬菜叶片上有潜道要及时摘除，并铲除棚内外杂草并集中烧毁，减少虫源。

（2）保护利用天敌 天敌主要有丽潜蝇姬小蜂和横柄金色潜蝇姬小蜂、反颚茧蜂、潜蝇茧蜂等。保护和利用天敌生态控制美洲斑潜蝇危害，效果明显。

（3）物理防治法

①黄板诱杀。美洲斑潜蝇成虫有趋黄性，利用此特性在温室或菜地内设置20厘米×20厘米黄板诱杀成虫，将黄板悬挂在高出作物顶部10～20厘米处。

②灭蝇纸诱杀。采用灭蝇纸诱杀成虫应在成虫始盛期至盛末期，每667米² 设置15个诱杀点，每个点放置1张诱蝇纸诱杀成虫。

③诱芯诱杀。该产品必须与黄色粘虫板配合使用。

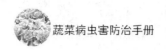

④高温闷棚。蛹在 48℃条件下 1 小时死亡率达 100％，闷棚前 1 天浇 1 次透水，翌日闭棚升温至 48℃后慢慢打开风口，恢复正常温度管理即可。

（4）化学防治　加强测报工作，抓住防治适期。做好调查监测工作，掌握其发生数量及时间，确定防治适期。一般是成虫高峰期 4～8 天后是防治适期，此时是二龄幼虫高峰期。

①1.8％阿维菌素水剂 2 000 倍液具有较好防效。

②0.9％阿维·印楝素混剂乳油 1 000 倍液对美洲斑潜蝇有很好的杀虫效果，对豇豆和寄生蜂都安全。

十、马铃薯瓢虫和茄二十八星瓢虫

马铃薯瓢虫（*Henosepilachna vigintioctomaculata*）和茄二十八星瓢虫（*H. vigintioctopunctata*）是我国菜田的主要食菜瓢虫，属鞘翅目瓢虫科。

1. 寄主植物

有马铃薯、茄子、番茄、烟草、青椒、曼陀罗、龙葵、枸杞、南瓜等 29 种植物。

2. 形态识别

（1）马铃薯瓢虫

成虫：体长 7～8 毫米，宽 5.5 毫米左右，半球形，体背及鞘翅黄褐色至红褐色，表面密生黄褐色细绒毛。头扁而小，平时藏在前胸下。前胸背板凹陷，两角突出，中央有 1 个剑状纵行黑斑，两侧各有 2 个小黑斑（有时合并为 1 个）。每个鞘翅各有 14 个黑斑，其中鞘翅基部有 3 个黑斑，其后方的 4 个黑斑不在一条直线上，两鞘翅会合处的黑斑有 1 对或 2 对互相接触。雄虫外生殖器中叶上有 4～7 个小齿。

卵：长 1.5 毫米左右，炮弹形，初产时淡黄色，后变为橘黄色。卵块中的卵粒较分散。

幼虫：老熟时体长 9 毫米左右，体黄色，纺锤形，中央膨大，背面隆起。体背各节有黑色枝刺，各枝刺上有 6～8 个小刺（彩图 63）。

蛹：体长 6 毫米左右，椭圆形，淡黄色，上有黑色斑纹。尾端包有末龄幼虫的蜕皮。

（2）茄二十八星瓢虫

成虫：体长 5.2～7.4 毫米，宽 5～5.6 毫米，半球形，体色、体形与马铃薯瓢虫相似。前胸背板中央有 1 条横行的双菱形黑斑，其后方有 1 个黑点。每鞘翅上也有 14 个黑斑，但鞘翅基部 3 个黑斑后方的 4 个黑斑在一条直线上，两鞘翅会合处的黑斑不互相接触。雄虫外生殖器中叶上无齿状突起（彩图 64）。

卵：长 1.2 毫米左右，炮弹形。卵块中的卵粒排列较紧密。

幼虫：老熟时体长 7 毫米左右，白色。枝刺白色，基部有黑褐色环纹。

蛹：体长 5.5 毫米左右，淡黄色。背面有黑色斑纹。

3. 生活史及习性

连云港地区一年发生 2～3 代，以成虫在发生地附近的杂草灌木根际、墙缝、屋檐、树洞、山地石缝等处越冬。越冬成虫于 4 月中旬出蛰，取食龙葵、刺儿菜、枸杞等，5 月迁入马铃薯田取食，并开始产卵，5 月下旬至 6 月上旬为产卵盛期。5 月下旬幼虫孵化，6 月中旬开始化蛹，6 月下旬末始见第一代成虫。7 月上旬见第二代卵，7 月下旬至 8 月上旬为孵化盛期，8 月下旬至 9 月上旬为羽化盛期，10 月中旬开始蛰伏越冬。

成虫羽化白天夜间均可进行，但以凌晨 5：00～6：00 居多。羽化后 3～4 天开始交配，雌雄一生交配多次。一般交配后 3 天开始产卵，一头雌虫一生平均可产卵 500 粒左右。产卵历期 40 天以上。成虫有假死性。产卵都在白天进行，但 9：00～15：00 产卵者较多。卵产于叶背，单层直立排列成块，每块有卵 7～64 粒。卵炮弹形，初产出时鲜黄色，而后渐呈黄褐色。卵块中卵粒排列较松散。即将孵化时卵的顶端透明。

幼虫共 4 龄。成长幼虫白色，体上的枝刺大部分为黑色，各枝刺基部有黄褐色环纹，但接近的枝刺的环纹常合而为一，据此可与

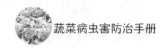

茄二十八星瓢虫幼虫相区别。初孵幼虫群集在卵块附近，第二龄后逐渐散开。取食马铃薯叶时，一至四龄取食的叶面积分别为0.629、3.70、41.37和114.26厘米^2。老熟幼虫在叶背化蛹。蛹黄色，背面隆起，上有黑色斑纹，末端被幼虫的蜕皮所包裹。

4. 发生与环境的关系

（1）温度　在15～30℃下，发育历期随温度提高而缩短，发育速率与温度成正相关。

（2）食料　茄科植物中的次生物质茄碱对不少昆虫具有排斥作用，但对马铃薯瓢虫和茄二十八星瓢虫有引诱作用，这是它们长期协同进化的结果。这也是马铃薯瓢虫和茄二十八星瓢虫的寄主植物主要是茄科植物的缘由。

（3）天敌　瓢虫柄腹姬小蜂（*Pediobius foveolatus*）是茄二十八星瓢虫的主要寄生蜂，寄生率一般为34%～65%。

5. 防治方法

①捕杀成虫。利用马铃薯瓢虫和茄二十八星瓢虫成虫群集越冬的习性，在冬春季节检查成虫越冬场所，捕杀越冬成虫。

②处理残株及摘除卵块。及时处理收获后的茄科植物植株残株，可消灭部分残留在植株上马铃薯瓢虫和茄二十八星瓢虫。成虫产卵季节，及时摘除卵块也可减轻为害。

③药剂防治。在马铃薯瓢虫和茄二十八星瓢虫越冬成虫发生期至一代幼虫孵化盛期喷药，可选用1.8%阿维菌素乳油1 000倍液、2.5%氟氯氰菊酯乳油3 000倍液、50%辛硫磷乳油2 000倍液等。

十一、黄条跳甲

在我国为害十字花科蔬菜的主要有黄曲条跳甲、黄狭条跳甲、黄宽条跳甲和黄直条跳甲（表5-6）。成虫俗称黄条跳虫，4种黄条跳甲主要为害十字花科蔬菜，其中以青菜、白菜、萝卜、芥菜、油菜、黄芽菜等受害重，甘蓝和花椰菜受害轻微。此外，黄曲条跳甲还可为害禾本科作物如大麦、小麦、粟、燕麦、甘蔗以及豆类和番茄等作物。黄条跳甲属鞘翅目叶甲科。

1. 为害特点

黄曲条跳甲成虫和幼虫都能为害，成虫咬食叶片，且能为害嫩荚，影响结实，以苗期受害严重。幼虫为害根部，使植株生长受阻，凋萎枯死，尤其幼苗根部被害后常枯死。萝卜被啃后形成黑色虫痕，味苦，品质降低。此外，成虫还能传播大白菜软腐病。

2. 形态识别

（1）黄曲条跳甲

成虫：体长1.8～2.4毫米，黑色有光泽。触角基部3节及足胫节基部、跗节黑褐色。触角第1节长大，第5节最长，约为第4节的1倍，第6节最短小，雄虫第4、5节特别粗壮膨大。前胸背板及鞘翅上有许多刻点，排成纵行。每鞘翅中央有1个黄色中等宽度的纵条纹，此纹外侧凹曲颇深，内侧中部平直，仅两端向内弯曲。后足腿节膨大（彩图65）。

卵：长0.3毫米左右，椭圆形，淡黄色。

幼虫：老熟幼虫体长4毫米左右，稍呈圆筒形，尾部稍细。头部和前胸盾板淡褐色，胸腹部淡黄白色。胸腹部各节上疏生黑色短刚毛，末节臀板椭圆形，淡褐色，在末节腹面有1个乳头状突起。

蛹：体长2毫米左右，长椭圆形，乳白色。头部隐藏在前胸下面，翅芽和足达第5腹节。胸腹部背面有稀疏的褐色刚毛。腹末端有1对叉状突起，末端褐色。

表5-6　黄宽条跳甲、黄狭条跳甲和黄直条跳甲成虫形态比较

种类	黄宽条跳甲	黄狭条跳甲	黄直条跳甲
形态	体长1.8～2.2毫米；鞘翅上黄条也近直形，但甚宽大，占鞘翅的大部分	体长1.5～1.8毫米；鞘翅上黄条近直形，较窄，不超过翅宽1/3；头胸部具绿色金属光泽	体长2.2～2.8毫米；鞘翅上黄条与黄狭条跳甲同，但头、胸部黑色，且光亮

3. 生活史及习性

连云港地区年发生3～4代，世代重叠现象严重。以成虫在菜

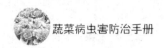

园内、沟旁、树林中的落叶下和草丛中等处越冬。一年发生5代地区，各代发生期为第一代成虫羽化初期为5月中旬，6月中、下旬出现最多，第二代成虫羽化初期在6月底，第三代在8月初，第四代在9月上、中旬，第五代在10月底。

浙江杭州春季温度上升至10℃左右时越冬成虫开始活动，3月下旬至11月均能繁殖，4～10月为主要为害时期，以5～8月为害最严重，9月渐减少，10月虫口数量又增，11月成虫渐少，11月后以成虫越冬，但在气温升高时仍可继续活动取食。

成虫性活泼，善跳跃，一遇惊动即跳跃逃逸。夏季高温时，中午躲在叶背和土缝中潜伏不动，多在早晚活动和取食，阴雨天也不甚活动。成虫将菜叶吃成极细密的孔洞，为害严重时使叶片残缺不全或整片食尽，仅留主脉。越冬成虫取食时。仅吃叶肉留下表皮，不穿孔。十字花科蔬菜连作地，由于连续不断地有丰富食料，故虫口发生数量多，为害严重。

4. 防治方法

①轮作。白菜类与其他菜类轮作，可减轻为害。

②清洁田园。白菜类收获后，应将留在田间的残菜落叶清除干净。

③药剂防治。掌握4月上旬越冬成虫开始活动而尚未产卵时进行喷药防治效果好。可用90%晶体敌百虫1 200倍液、80%敌敌畏乳油1 500倍液（对敌百虫、敌敌畏产生抗药性的地区可改用其他药剂）、50%辛硫磷乳油2 000倍液等。

因成虫善跳跃，喷药防治成虫时，应从田的四周向内围喷，不仅在菜田内喷药，同时要在畦沟中也要喷药以杀死跳入畦沟中的成虫。

十二、豇豆螟

豇豆是连云港地区夏秋季节主要蔬菜，豇豆螟以幼虫钻蛀为害生产上防治难度大，常出现频繁用药、随意加大药量和乱用药现象。

1. 为害特点

幼虫为害豆叶花及豆荚，常卷叶为害或蛀入荚内取食幼嫩的种粒，荚内及蛀孔外堆积粪粒。受害豆荚味苦，不堪食用。严重受害区，蛀荚率达 70% 以上。

2. 形态特征

成虫：体长约 13 毫米，翅展约 26 毫米，体灰褐色，前翅黄褐色，前缘色较淡，在中室的端部、室内和室下各有 1 个白色透明的小斑纹，后翅近外缘有 1/3 面积为黄褐色，其余部分为白色半透明，有 1 条深褐色线把色泽不同的两部分区分开，在翅的前缘基部还有褐色条斑和 2 个褐色小斑。前后翅均有紫色闪光。雄虫尾部有灰黑色毛 1 丛，挤压后能见到黄白色抱握器 1 对，雌虫腹部较肥大，末端圆筒形。

卵：扁平，略呈椭圆形，长约 0.6 毫米，宽约 0.4 毫米。初产时淡黄绿色，近孵化时橘红色，卵壳表面有近六角形网状纹。

幼虫：共 5 龄，老熟幼虫体长约 1 毫米，体黄绿色，前胸背板及头部褐色。前列 4 个各生有 2 根细长的刚毛，中后胸背板上有黑褐色毛片 6 个，排成 2 列，后列 2 个无刚毛。腹部各节背面的毛片上各着生 1 根刚毛，腹足趾钩为双序缺环（彩图 66）。

蛹：长约 13 毫米。初化蛹时黄绿色，后变黄褐色。头顶突出，复眼浅褐色，后变红褐色，翅芽伸至第四腹节的后缘，羽化前在褐色翅芽上能见到成虫前翅的透明斑纹。蛹体外被白色薄丝茧包裹。

3. 发生规律

（1）生活习性 豇豆螟（*Maruba testulalis*），又称豇豆荚螟、豆荚野螟、豆野螟、豆荚螟等，隶属鳞翅目、螟蛾科，除了为害豇豆外，还为害菜豆、扁豆、豌豆、蚕豆等豆科蔬菜。

成虫昼伏夜出，有弱趋光性，白天潜伏在茂密的豆叶背面，受惊动后做短距离飞行，一般只有 3～5 米。成虫产卵有很强的选择性，卵大多产在始花至盛花期的田内。卵散产，90% 以上的卵粒产在花蕾或花瓣上。

（2）环境影响 豇豆螟喜欢高温、闷湿的环境，适宜生长发育的温度范围 15～30℃，最适环境温度为 25～29℃，相对湿度为 80%～90%。若 6～8 月高温多雨则十分利于豇豆荚螟的发生和为

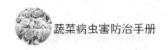

害，一般干旱年份发生轻、降雨多的年份发生重。此外，豇豆螟的发生轻重与寄主生育期关系密切，若豇豆整个开花结荚阶段与幼虫发生高峰期吻合程度高，则受害重；反之则轻。

（3）发生特点　豇豆螟在连云港地区1年发生5代，世代重叠，以蛹在浅土层中越冬。翌年5月中下旬越冬蛹开始羽化，成虫11月初结束。一代幼虫出现在6月上旬至下旬，二代幼虫出现在7月上旬至中旬，三代幼虫出现在7月下旬至8月上旬，四代幼虫出现在8月中旬至9月上旬，五代幼虫出现在9月中旬至10月上旬。10月中下旬以蛹越冬，从二代开始有世代重叠现象，其中二、三、四代为田间的主害代，7～8月的豇豆受害最重。

4. 防治方法

（1）农业防治

①加强栽培管理。增施有机肥，提倡测土配方施肥技术，增强豇豆植株抗病虫能力。在同一豇豆种植区域内，尽量做到品种、播种期相对统一；同一田块尽量做到出苗一致、长势整齐、开花结荚期相对集中，以减少豇豆荚螟辗转增殖为害的桥梁田。

②清洁田园。在豇豆螟每代产卵初期至盛末期，及时整蔓造型，剪除无效嫩头，改善通风透光条件，减少落卵量。在豇豆生产过程中，及时清除田间落花、落荚，摘除被害的卷叶和豆荚，集中销毁或深埋，以减少转株为害，降低虫源基数。冬季深翻菜地灭蛹，清洁田园，及时清除田间落叶、植株残体等，深埋或烧毁，减少虫源越冬基数。

③轮作。对种植豇豆田块实行合理轮作，可减少豇豆螟虫源，从而减轻豇豆螟的为害。一是采用春豇豆与晚稻轮作方式，实行水旱轮作；二是采用豇豆与非豆科作物轮作的耕作措施，如与玉米、萝卜、白菜等植物轮作。

④灌溉灭虫。水源条件方便的田块，在秋季和冬季灌水数次，以增加土壤湿度，或在豇豆收获后深翻耕并灌水沤田，以消灭豇豆螟的蛹，从而压低虫口基数。

（2）物理防治　利用豇豆螟的趋光性，在豇豆田块安装频振式杀虫灯或太阳能频振式杀虫灯诱杀豇豆螟成虫。挂灯高度以接虫口离地面距离 1.3～1.5 米为宜。1 盏频振式杀虫灯的有效防控面积约为 3 公顷。每日开灯时间为 19：00 至次日 5：00，一般在 5 月上旬装灯，10 月上旬撤灯。

（3）生物防治　使用性诱剂诱杀。利用豇豆螟性信息素诱杀豇豆螟雄成虫，干扰成虫交配，降低落卵量。在豇豆螟主害代羽化前，将豇豆螟性信息素诱芯及配套诱捕器悬挂于田间，一般以高出豇豆群体顶端 10～15 厘米为宜。一般每公顷放置 30～45 套性诱剂诱捕器，并呈棋盘式悬挂。

（4）化学防治　做好虫情监测，掌握防治适期。选择当地有代表性的田块，结合灯光诱杀，定期抽样调查豇豆螟的消长动态，掌握在豇豆螟卵孵化始盛期至高峰期用药。防治对象田为生育期处于始花期至盛花末期前的豇豆田。

①适时用药。豇豆开花有中午闭合的习性，一般在 6：00～10：00 开花，掌握在 9：00 以前豇豆花瓣呈全张开状时施药，此时防治效果最好。

②优先使用生物农药。合理选用高效、低毒、低残留化学农药；选用苏云金杆菌、多杀霉素、阿维菌素等生物制剂和印楝素、蛇床子素、苦参碱等植物源农药，合理选用茚虫威、氯虫苯甲酰胺等仿生类农药和菊酯类农药。

③掌握正确施药方法，严格遵守农药安全间隔期。不随意加大药剂施用浓度，注意不同药剂轮换使用。药剂时要均匀喷到花蕾、花荚、叶背、叶面和茎秆上，喷药重点是花蕾和花荚。喷药量以湿润有滴液为宜。由于豇豆生育期长，是边开花边采收的蔬菜，因此，应当先采收后施药，采收前 7 天严禁施药。

十三、蓟马

菜田常见的蓟马是烟蓟马、花蓟马和瓜亮蓟马等，属缨翅目蓟马科。烟蓟马的寄主植物相当多，其中农作物主要有烟草、棉花、葱、

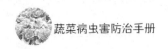

蒜类，其次为马铃薯、瓜类、茄科、豆类、十字花科、水稻、小麦、向日葵、芝麻、苜蓿、凤梨、苹果、柑橘、葡萄、李、梅、草莓等。

1. 为害症状

蓟马以成、若虫在植物叶片、生长点及花等部位用锉吸式口器锉伤表皮组织，吸取汁液，造成组织失水、生理代谢失调。

2. 形态识别

（1）烟蓟马

成虫：体长 1～1.3 毫米，淡黄色，背面黑褐色；复眼突出，红色；单眼 3 个，呈三角形排列，单眼间鬃靠近三角形连线外缘；触角 7 节，灰褐色，第二节色较浓；前胸背板两后角各有粗而长的鬃 1 对。前翅狭长，透明，淡黄色；翅脉退化，前翅端半部有上脉端鬃 4～6 根，如为 4 根，则均匀排列，如为 5～6 根，则多为 2～3 根在一处；腹部第 2～8 节背面前缘各有栗色横纹一条（彩图 67）。

卵：乳白色，侧面看为肾脏形，长约 0.3 毫米。

若虫：体淡黄色，体形略似成虫，无翅；触角 6 节，第四节具微毛 3 排；复眼暗赤色；胸、腹各节有细小褐色点，点上生粗毛。

（2）花蓟马

成虫：体长 1.3～1.5 毫米，雌虫全体淡褐色至褐色，雄虫全体黄色；触角 8 节，第七、八节两节短小，第五节基部黄色，其余各节灰褐色。单眼间鬃长，位于三角连线内缘；前胸背板前缘有长鬃 4 根，中间两根稍长，后缘有长鬃 6 根，中间两根稍短。前翅淡灰色，有上、下两排纵脉，上脉鬃 19～22 根，下脉鬃 14～16 根，均匀排列。第八腹节背面后缘梳完整，齿上有细毛。

卵：长约 0.3 毫米，侧面看呈肾脏形，背面及正面看呈鸡蛋形，头的一端有卵帽。初产时乳白色，略带绿色，近孵化时可见红色眼点。

若虫：二龄若虫体长约 1 毫米，基色黄。触角 7 节，第三节有覆瓦状斑纹，第四节有环状排列的微毛；触角、头、足、胸部及腹部腹面的鬃尖锐，胸、腹部背面体鬃尖端微圆钝。

3. 生活史及习性

（1）烟蓟马　在连云港地区年发生 8～10 代，长江流域以南各省（区）每年可发生 10 代以上。河北、河南、山东、湖北、江西等地多以成虫、若虫潜伏在土缝、土块、枯枝落叶下及未收获的大葱、洋葱和大蒜的叶鞘内越冬，或以蛹在这些植株附近的土内越冬。越冬的成虫和若虫春季在越冬寄主上活动一段时间后，4 月迁移到早春作物和杂草上活动、取食。河南、江苏等地的为害盛期则为 5 月中旬至 6 月中旬。葱、蒜、韭菜上几乎全年可见，小麦、豆科、茄科、锦葵科等植物上随时都可见到。10 月下旬后蛰伏进入越冬状态。

烟蓟马成虫较活泼，善飞翔，借助风力可行远距离迁飞。成虫畏光，白天多在叶背面取食，早晨、傍晚或阴天在叶片的正、背面均可见到。成虫对白色、蓝色具有强烈的趋性，因此可用白色或蓝色涂油纸板诱杀烟蓟马。

成虫有趋嫩取食和产卵的习性。随着蔬菜新叶的长出，成虫取食、产卵的部位也逐渐上移。雄虫非常罕见，多行孤雌生殖。雌虫以锯齿状产卵器将卵产于植物幼苗的叶或茎的组织中，在叶菜上卵多产于叶背面的表皮内，单产。将叶子脱水，浸于橄榄油内，或乳酚酸性品红液中，水浴加热 3～5 分钟，冷却后用清水冲洗叶片，在双目解剖镜下很容易看到叶组织内的卵。

初孵若虫多在叶脉两侧取食，不甚活动。若虫有群聚性，多在植株中、下部叶片上活动。二龄若虫老熟后入土脱皮变为前蛹（三龄若虫），再脱皮变为伪蛹（四龄若虫），不食不动，进而羽化为成虫。

（2）花蓟马　江苏 4 月集中在油菜花上活动、取食，5 月初蚕豆花开，便大量集中于蚕豆花中活动，以后又转移到盛花期的紫云英田中。

花蓟马成虫活跃，有很强的趋花性，许多花中均可见到。卵多产于嫩叶、花器的表皮组织内。一至二龄若虫活动性强，三龄行动缓慢，将要脱皮时入土，在土中脱皮成四龄（伪蛹）。

4. 发生与环境的关系

（1）温度　烟蓟马耐低温能力较强，−4℃下经 96 小时也不影

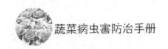

响其后的发育。成虫在日均温 4℃时开始活动，10℃以上时成虫取食活跃。旬均气温上升到 12.5℃以上时成虫开始产卵，旬均气温 16～20℃时繁殖迅速，虫口数量增长很快。花蓟马在 25℃时卵历期 5～6 天，若虫 20～22 天，产卵历期 7～8 天。

（2）湿度　湿度影响烟蓟马的存活率。烟蓟马不耐高湿，高温时湿度对其影响更大。在 31℃、相对湿度 100％时，超过 4 天，或 38℃时 2 天，若虫均死亡。雨水冲刷、浸泡时成、若虫和蛹会大量死亡。但中温高湿有利于花蓟马的繁殖和为害，5～7 月阴雨连绵为害重，夏季高温干燥时为害轻。

（3）栽培措施　邻作为葱、蒜等，或者苜蓿、红花、向日葵等植物的烟田发生重，豆科作物的次之，邻作为禾本科作物的较轻。灌溉可抑制烟蓟马的发生。一般在干旱地区，灌水后若土面板结，可阻止若虫入土化蛹，土里的蛹多不能羽化出土。

（4）天敌　烟田常见的捕食性天敌是花蝽、姬蝽、草蛉、蜘蛛等。

（5）烟蓟马与蕃茄斑萎病发生的关系　蕃茄斑点枯萎病是蕃茄的一种重要病毒病。传播蕃茄斑点枯萎病毒（TSWV）的媒介是蓟马，主要是烟蓟马。蓟马是蕃茄斑萎病毒的贮存器和传播介体。

5. 防治方法

（1）农业防治　清洁田园，早春清除田间杂草和残株落叶，并加以处理，可减少虫源；勤浇水，勤除草，可减轻为害。

（2）化学防治　选用 10％烯啶虫胺、80％敌敌畏乳油、50％辛硫磷乳油防治蓟马。

十四、黄守瓜

黄守瓜黄足亚种是连云港地区的优势种群，守瓜类属鞘翅目叶甲科；俗称瓜萤、瓜叶虫，是瓜类的重要害虫。

1. 为害特点

成虫早期为害瓜类幼苗和嫩茎，以后又能为害花及幼瓜。幼虫主要在土中为害根，常造成瓜苗死亡，同时也能蛀入地面的瓜果内为害，引起腐烂，对瓜的品质和产量都有很大影响。黄守瓜寄主植物以葫芦科瓜类为主，如西瓜、南瓜、甜瓜、黄瓜、冬瓜、胡瓜等，成虫还可取食十字花科蔬菜、豆类、柑橘、桃、李、梨等。

2. 形态识别

黄守瓜黄足亚种为例：

成虫：体长 8～9 毫米，椭圆形。除复眼、上唇、后胸腹面、腹部等处黑色外，其他部分橙黄色，有光泽。复眼圆形。触角丝状，约为体长的 1/2。前胸背板宽倍于长，有细刻点，中央有 1 个弯曲的横凹沟，四角各有 1 根细长刚毛。鞘翅基部比前胸宽，中部两侧后方膨大，翅面密布刻点。雌虫腹部较尖，尖端露出鞘翅外，末节腹面有 1 个 V 形凹陷。雄虫腹部较钝，末节腹面有 1 个匙形构造（彩图 66）。

卵：直径 0.8 毫米左右，近球形，黄色，孵化时变为灰白色。表面密布一层多角形网纹。

幼虫：老熟时体长 11～13 毫米。初孵化幼虫为白色，以后头部逐步变为褐色，前胸背板黄色，胸腹部黄白色。臀板长椭圆形，向后方伸出，上有圆圈状的褐色斑纹，并有纵行凹纹 4 条。

蛹：体长 9 毫米左右，纺锤形，乳白带淡黄色。翅芽达第 5 腹节，各腹节背面疏生褐色刚毛。腹末端有巨刺 2 个。

3. 生活史及习性

连云港地区以 1 代为主。以成虫在背风向阳的杂草根际、落叶下、土缝间及瓦砾下潜伏越冬。全年以 5 月上旬至 6 月中旬为害瓜苗最盛。

幼虫在土中生活，孵出后在瓜根附近活动，先吃根毛，后吃支根、主根及茎基。成长后则蛀入根部或近地面茎内为害。幼虫蛀食主根后，叶子瘪缩；蛀入茎基则地面瓜藤枯萎，全株枯死，一株食尽后又迁至他株为害。除根外，幼虫还能蛀食地面的瓜果，且常引起腐烂而不堪食用。

葫芦科植物为守瓜幼虫的重要寄主，若无此科植物为食料，即

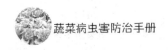

不能发育。幼虫最喜食甜瓜，其次为菜瓜、西瓜和南瓜，在丝瓜根中很少能完成发育。幼虫在土中深度一般可达6~11厘米。耐饥力强。幼虫生长以壤土中最好，黏土次之。幼虫共3龄，幼虫期19~38天，平均30天。老熟后多在瓜根附近土中10~18厘米深处作室化蛹。蛹室内壁光滑，入土深度与土壤湿度有关，积过水的地多在5~7厘米，地面土壤干燥的则在8~12.5厘米处。

4. 发生与环境的关系

（1）气候　黄守瓜是喜温好湿的害虫，成虫产卵、卵的孵化，在适温条件下，要求较高的相对湿度。成虫20℃开始产卵，24℃最盛，气温达到此种范围湿度愈高，产卵愈多。

（2）土壤　就土质而言，一般壤土和黏土易于保水，适于此虫产卵，卵的孵化率高，并且化蛹时易于作蛹室，还有利成虫羽化出土；沙土则不能保水保湿，不利产卵和卵的孵化。

（3）耕作制度　若将春季的瓜苗种植在冬作间，常可减轻受害程度。间作的植株愈高，瓜苗受害越轻，这可能是由于机械遮蔽之故。

5. 防治方法

应抓瓜类幼苗期，防止成虫为害和产卵，这是防治黄守瓜的主要关键。

（1）温床育苗　利用温床育苗，提早移栽，待成虫活动为害时，瓜苗已长大，可以减轻为害。

（2）适当间作　在瓜苗期有间作习惯的地区可选用适当的间作，如和芹菜、甘蓝及莴苣等间作，以减轻为害。

（3）防止成虫产卵　在瓜苗附近土面上撒草木灰、麦秆、茅草、糠或木屑等，可防止成虫产卵，起保护瓜苗的作用。

（4）药剂防治。用90%晶体敌百虫800倍液、2.5%氟氯氰菊酯乳油2 000倍液喷杀成虫。

第六章
蔬菜害虫的绿色防控技术

一、绿色防控的意义

绿色防控是促进农作物安全生产，减少化学农药使用量为目标，采取生态控制、生物防治、物理防治、科学用药等环境友好型措施来控制有害生物的有效行为，实施绿色防控是贯彻"公共植保、绿色植保"的重大举措，是发展现代农业，建设"资源节约，环境友好"两型农业，促进农业生产安全、农产品质量安全、农业生态安全和农业贸易安全的有效途径。

推进绿色防控是贯彻"预防为主、综合防治"植保方针，实施绿色植保战略的重要举措。

1. 绿色防控是持续控制病虫灾害，保障农业生产安全的重要手段

目前我国防治农作物病虫害主要依赖化学防治措施，在控制病虫危害损失的同时，也带来了病虫抗药性上升和病虫暴发概率增加等问题。通过推广应用生态调控、生物防治、物理防治、科学用药等绿色防控技术，不仅有助于保护生物多样性，降低病虫害暴发概率，实现病虫害的可持续控制，而且有利于减轻病虫为害损失，保障粮食丰收和主要农产品的有效供给。

2. 绿色防控是促进标准化生产，提升农产品质量安全水平的必然要求

传统的农作物病虫害防治措施既不符合现代农业的发展要求，

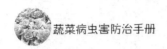

也不能满足农业标准化生产的需要。大规模推广农作物病虫害绿色防控技术，可以有效解决农作物标准化生产过程中的病虫害防治难题，显著降低化学农药的使用量，避免农产品中的农药残留超标，提升农产品质量安全水平，增加市场竞争力，促进农民增产增收。

3. 绿色防控是降低农药使用风险，保护生态环境的有效途径

病虫害绿色防控技术属于资源节约型和环境友好型技术，推广应用生物防治、物理防治等绿色防控技术，不仅能有效替代高毒、高残留农药的使用，还能降低生产过程中的病虫害防控作业风险，避免人畜中毒事故。同时，还显著减少农药及其废弃物造成的面源污染，有助于保护农业生态环境。

蔬菜的生长周期一般比较短，复种指数高，害虫种类多。除了所有蔬菜共同发生的地下害虫外，各类蔬菜上还有各自特殊的害虫区系，同类蔬菜上的害虫也因生境的不同而占据不同的生态位。

二、地下害虫的绿色防控技术

（一）防治策略

蔬菜地下害虫主要为害蔬菜的地下部分，常造成伤根、死苗，以至缺苗断垄。地下害虫主要有地老虎、蝼蛄、蛴螬、根蛆等，为了指导菜农安全用药，现就一些行之有效的防治技术总结如下：

蔬菜病虫害防治要坚持预防为主，在综合防治策略上，应以农业防治措施为基础，辅以化学防治等措施。注重应用农业生态和物理机械措施防治，科学应用低残留农药，严禁应用剧毒高残留农药，严格执行施药安全间隔期。

（二）防治原则及要点

1. 用药品种要得当

选择针对性强、具有熏杀、触杀作用的残留低、易分解的低毒农药或生物农药。如吡虫啉、敌敌畏、辛硫磷、拟除虫菊酯类农药等。严禁使用内吸性强、残毒长、残留高的剧毒或高毒农药。如甲拌磷、甲胺磷、久效磷、甲基异柳磷和氧化乐果等。

2. 用药浓度要适宜

掌握适宜的用药浓度，不得随意加大用药量。做到既能保证防效，又能减少污染。连续用药时尽量采用更换药剂品种或合理混用不同作用机理的农药的方法来克服抗药性，提高药效，不要盲目地加大农药使用浓度和数量，否则既增加经济负担，又会造成环境污染甚至引起人畜中毒事件。

3. 防治时间是关键

防治地下害虫，要分阶段应用不同措施才能达到事半功倍的效果。对于地下害虫成虫阶段，根据其趋光性和对一些气味、颜色的趋性，采取灯光诱杀、诱剂诱杀等方法效果较好；在其幼虫阶段，因其在地下危害，应相应的采取毒土、灌根等方法效果较好。

在生产实际中防治成虫是以防治越冬代成虫为关键，时间在 4 月中下旬。幼虫以春秋防治为主。春季防治成功可降低全年为害，秋季防治好可压低越冬基数。幼虫防治适期为 5 月上旬至 10 月中下旬。保护地栽培因扣棚时间不同，可根据虫情调查来确定防治时间。

（三）绿色防控技术

1. 农业防治

（1）精耕细作 深翻多耙，施用充分腐熟的厩肥、饼肥，可减轻多种地下害虫的为害；采取秋翻地的方法减少越冬虫基数；秋翻可以将埋在地下准备越冬的幼虫、卵、蛹翻到地面，被鸟儿采食或冻死而减少基数，减少第二年地下害虫发生数量，减轻为害。

（2）清理耕地 在上一季作物收获后，及时将田内的植株残体、田间及周围杂草清理出田间并集中处理，减少害虫隐蔽场所。

（3）适当灌水杀灭害虫 发生地下害虫为害后，采取适当的灌水的方法可以杀灭害虫和控制害虫发展，此方法对小地老虎防效明显。适时浇水可控制蝇蛆等害虫的为害，特别是在种蝇发生重的地块，春季浇水播种后应立即覆土，不使粪肥与湿土外露，以避免招引成虫产卵。种蝇对生粪有趋向性，必要时在粪肥内混拌毒土，以

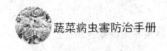

防治种蝇在粪肥上产卵。

2. 物理防治和人工防治

（1）可用黑光灯诱杀　诱杀成虫可以减少虫卵基数，减轻为害。地老虎、蝼蛄、蛴螬、韭蛆的成虫，对灯光有强烈趋性，可于成虫盛发期，可用黑光灯诱杀。

（2）糖醋毒液诱杀地老虎和韭蛆成虫　比例为醋∶糖∶水＝3∶3∶14的溶液5千克加敌百虫晶体15克，装入盆中，夜间放置在离地面1米处，第二天早上收集害虫销毁。

（3）用炒香的麦麸、豆饼诱杀蝼蛄　在无雨的傍晚，在田间间隔一定距离挖坑，在坑内施放毒饵，次日清晨收拾被诱害虫集中处理。

（4）人工捕捉　金龟子有假死现象，可对其进行人工捕杀，减少土壤中蛴螬发生数量；小地老虎发生时，早晨在受害株周围扒开土表层捕捉害虫；掘开"隧道"捕捉蝼蛄也可减轻为害。

3. 化学防治

（1）土壤处理　在蔬菜播种前，每亩可用50％的辛硫磷乳油100～200克，配制成炉渣颗粒剂15～20千克，撒于地表并立即深耕耙平。

（2）药剂拌种　在种蝇为害较严重的地块防效良好。防治根蛆可选用0.5％苦参碱水剂500～800倍液沿根际周围浇灌。地蛆灵与蔬菜、蒜类作物拌种，用药量3～5克/千克种子地蛆灵，有效防治地下虫害。种蝇可在成虫羽化盛期，在葱、蒜类蔬菜上和田间粪肥堆上喷洒80％敌敌畏乳油800～1 000倍液，或2.5％氟氯氰菊酯乳油2 000倍液。以杀死成虫，减少产卵和幼虫数量。

（3）以蝼蛄为主的地块，可采用毒饵诱杀　具体方法是：将麦麸炒香，用10％吡虫啉可湿性粉剂1 000倍液拌炒香的麦麸撒施，50％的辛硫磷乳油，每100千克麦麸加辛硫磷1千克，再加10千克水拌匀，配成毒饵，于蔬菜苗期，在傍晚撒在地面上，每亩用15～25千克，不仅对蝼蛄诱杀效果良好，同时对蟋蟀、地老虎幼虫也有良好的诱杀效果。

（4）成虫羽化盛期喷雾喷粉种蝇　在葱、蒜、类蔬菜上和田间粪肥堆上喷洒 80％敌敌畏乳油 800～1 000 倍液，或 2.5％氟氯氰菊酯乳油 2 000 倍液。以杀死成虫，减少产卵和幼虫数量。

（5）在大蒜、韭菜根蛆、瓜蛆发生较重的地块，于幼虫发生的关键时期施药防治幼虫，用 90％敌百虫晶体 300～500 倍液浇灌，已发生地蛆的田块，可用 40％辛硫磷乳油 1 000 倍液淋地 2～3 次，最好傍晚施药，每 7 天 1 次。在韭菜移栽时，可用 50％辛硫磷乳油 1 000 倍液浸根。吡虫啉与辛硫磷等复配，效果会更好。

三、十字花科蔬菜害虫绿色防控技术

菜粉蝶、小菜蛾、甜菜夜蛾、斜纹夜蛾同属鳞翅目昆虫。菜粉蝶属粉蝶科，又叫菜青虫；小菜蛾属菜蛾科，又名小青虫、两头尖、吊丝虫；甜菜夜蛾又名白菜褐夜蛾，属夜蛾科；斜纹夜蛾又名斜纹夜盗虫，黑头虫，属夜蛾科；是连云港地区最常见的蔬菜害虫，常混合交替发生。主要为害十字花科蔬菜，每年一般有春、秋 2 个为害高峰期，严重为害时损失可达 20％～40％，同时，农民常过多过频施药，农药残留超标，影响蔬菜的品质，现将综合防治方法介绍如下，供参考。

十字花科蔬菜鳞翅目虫害防治应该坚持"以农业防治为基础，优先采用生物防治，协调利用物理防治，科学合理化学防治"的综合防治原则，把蔬菜虫害控制在允许的发生程度下，以达到优质、高效、安全的目的。

1. 农业防治

（1）实行轮作和间作　实行合理轮作，十字花科蔬菜与其他蔬菜或作物实行 2 年以上的轮作换茬，合理安排茬口，避免十字花科蔬菜的大规模周年连作。

（2）清理、翻耕菜园　蔬菜播种或定植时，要及时清除菜园残株落叶及杂草，清理菜粉蝶越冬中间寄主，减少病虫的栖息场所和越冬虫源，从而降低虫源基数，减少虫害发生。翻耕深耕菜地，可以把越冬虫源、虫卵翻到土壤底层，通过物理挤压，消灭虫源、虫

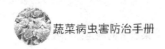

卵，从而降低虫源基数，达到减少虫害发生目的。

（3）避开虫害高发期　可通过提早或推迟种植季节，避开虫害发生高峰期种植，使易受虫害的苗期避开小菜蛾、菜粉蝶的为害高峰期，减少虫害。如3～4月、9～11月，田间种植葱、蒜和瓜类等作物，不种或少种十字花科蔬菜，收获后再种植十字花科蔬菜，出现小菜蛾为害就轻多了。

（4）科学施肥　科学的施肥对病虫害的发生也有一定的影响，要在增施有机肥的基础上，按各种蔬菜对氮、磷、钾元素养分的需求比例，适当施用化肥，做到重施有机肥，控氮肥，增施磷、钾肥。如氮肥的过量施用，叶色浓绿，易招惹昆虫，会加重虫害病害的发生程度。

2. 物理防治

（1）防虫网隔离　应用防虫网，在田间形成一个人工屏障，防止小菜蛾、菜粉蝶、斜纹夜蛾、美洲斑潜蝇等多种害虫入侵和产卵，做到少喷药或不喷药，减少农药污染。一般30目防虫网的防虫效果可达到98％以上，防虫效果显著，但使用成本相对较高。

（2）虫灯诱杀　应用频振式诱虫灯和黄色诱虫胶板诱杀成虫，减少田间卵量。利用小菜蛾成虫的趋光性，在成虫发生期的晚间在田间设置黑光灯诱杀成虫，一般每10亩设置一盏黑光灯。尤其是成虫发生高峰期诱杀效果较好。

（3）人工网捕　利用菜粉蝶成虫晴好白天活动、取食、交配的习性，人工网捕在菜田上飞舞的菜粉蝶，减少虫源。

3. 生物防治和微生物农药

（1）性诱剂诱杀

①性诱剂迷向法防治。在春季平均温度回升到15℃时起，在田间应用迷向型小菜蛾诱芯，干扰小菜蛾成虫交配，减少田间有效卵量，控制为害。每60米^{2}左右投1个诱芯。诱芯的放置高度以略高于作物叶面，每60～80天换1次诱芯，防治效果可达45％～60％。

②性诱剂诱捕法防治。利用性诱剂诱杀，可挂性诱器诱捕，或

用铁丝穿吊诱芯（含人工合成性诱素 50 毫克/个）悬挂在水盆水面上方 1 厘米处，水中加适量洗衣粉，或悬挂自制诱捕罩，每只诱芯诱蛾半径可达 100 米，有效诱蛾期 1 个月以上。

（2）植物源制剂防治　防治菜粉蝶可用烟叶水浸出液加石灰水或肥皂水稀释喷雾，也可用生黄瓜蔓 1 千克加水少许捣烂过滤去残渣，用滤出汁液加 3～5 倍水喷雾；或将鲜丝瓜捣烂，加水 20 倍拌匀过滤喷雾，用来防治菜粉蝶和小菜蛾也有较好的效果。

（3）苏云金杆菌防治　在低龄幼虫发生高峰期，选高含量苏云金杆菌菌粉 8 000～16 000 国际单位，每亩用量 100～200 克或 500～1 000 倍液，喷雾。乳剂每亩用量 250～400 毫升或 300～500 倍液，喷雾。应用时注意温度，适用的温度为 20～28℃，避免在高温与低温下应用。适量加用 0.1％的洗衣粉，可增加防治效果。

（4）应用印楝素等生物农药防治　选用 0.3％印楝素乳油800～1 000倍液，或 2％苦参碱水剂 2 500～3 000 倍液、5％氟啶脲乳油 60 毫升/亩、0.5％藜芦碱醇溶液 800～1 000 倍液、0.65％茵蒿素水剂 400～500 倍液等生物农药喷雾防治。

（5）应用小菜蛾颗粒体病毒制剂防治　小菜蛾颗粒体病毒，属微生物源、颗粒体病毒杀虫剂，可防治小菜蛾、菜青虫、银纹夜蛾等。病毒在小菜蛾等害虫中肠中溶解，进入细胞核中复制、繁殖、感染细胞，使生理失调而死亡。

4. 化学防治

（1）适时用药　通过田间调查，达到防治指标（百株幼虫50～100 头）时，即可用药防治，同时要加强虫害春峰和秋峰发生前的幼虫防治，用药最好在一至二龄幼虫期，如果等出现明显被害状时，幼虫已经进入高龄，抗药性强，用药量大，防效会显著下降。

（2）施药方法　小菜蛾和菜粉蝶一至二龄幼虫有背光性，多集中在叶背、心叶取食，不少菜农喷药只喷叶面，少喷或不喷叶背，降低了喷药效果。

（3）农药防治

①小菜蛾单独防治或小菜蛾和菜粉蝶混发以小菜蛾防治为主

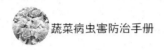

时，可以选用1.8%阿维菌素水剂、5%氟铃脲乳油、0.5%苦参碱低乳剂。

②若菜粉蝶单独防治时，可选除虫菊酯类农药、生物源农药等，如4.5%高效氯氰菊酯、2.5%氟氯氰菊酯2 000倍液，50%辛硫磷乳油1 000倍液喷雾。

③若甜菜夜蛾为主时，常用杀虫剂有0.5%甲氨基阿维菌素苯甲酸盐乳油2000倍液；10%氟虫双酰胺悬浮剂每亩20～25克等喷雾防治。对甜菜夜蛾，采取"挑治"与"狠治"相结合的策略；主攻点片发生阶段，用药控制，后期应采取允许少量害虫存在的原则，减少用药次数。

5. 化学防治注意事项

在药剂的选择上禁止使用高毒、高残留农药，应该使用高效、低毒的安全药剂，严格按农药使用说明的用药量、用药次数、用药方法和安全间隔期施药，要在施药安全间隔期后采食蔬菜，确保农药残留不超标。使用农药防治要避开强光照、高温、暴雨等不良天气，最好在早上8～9点或下午4～5点施药，提高施药效果；小菜蛾、菜粉蝶世代多、发生期短，使用化学防治次数频繁，易产生抗药性，所以在防治中要采用多种农药交替使用，提高防治效果，延长农药使用寿命。

6. 十字花科蔬菜上鳞翅目害虫的比较

见表6-1。

表6-1　十字花科蔬菜上鳞翅目害虫的比较

类别名称	菜青虫	小菜蛾	甜菜夜蛾	斜纹夜蛾
为害特征	幼虫咬食寄主叶片，二龄前仅啃食叶肉，留下一层透明表皮，三龄后蚕食叶片孔洞或缺刻。边取食边排出粪便污染	幼虫在叶背取食叶肉留下表皮，如同"小天窗"；三至四龄以后可将叶片吃成孔洞或缺刻	初孵幼虫在叶背面集聚结网，啃食叶背面叶肉，只留上表皮；四龄后咬成不规则破孔，上均留有细丝缠绕的粪便	低龄幼虫啃食叶肉，剩下表皮和叶脉，使被害叶片呈网状。大龄幼虫取食叶片时造成孔洞，严重时仅剩主脉

（续）

类别名称	菜青虫	小菜蛾	甜菜夜蛾	斜纹夜蛾
形态特征	成虫：身体长15～20毫米，翼展45～55毫米，成虫虫体灰黑色，翅白色，鳞粉细密 卵：竖立呈瓶状，高约1毫米，初产时淡黄色，后变为橙黄色 幼虫：体长28～35毫米，初孵灰黄色，后期青绿色，体圆筒形。中段较肥大，每节有4～5条横皱纹，背部正中有一条断续黄色纵线，侧面有黄斑一列 蛹：长18～21毫米，纺锤形，体色有绿色、淡褐色、灰黄色等；背部有3条纵隆线和3个角状突起	成虫：体长6～7毫米，翅展12～15毫米，前后翅细长，缘毛很长 卵：淡黄色，略扁。于叶背叶脉附近的凹陷处，3～5粒作一堆 老熟幼虫：体长10～12毫米，头黄褐色，胸腹部黄绿色。幼虫体如纺锤形，两端尖细，体节明显，臀足向后伸，超过腹末，青绿或灰白色，头部褐色 蛹：体长6～8毫米，颜色变化大，初化蛹绿色，渐变淡黄绿色，最后灰褐色。外被薄茧	成虫：体长10～14毫米，翅展25～40毫米，体和前翅灰褐色 卵：馒头形，卵粒重叠，成多层的卵块，有白绒毛覆盖 幼虫：长约30毫米，体色变化大，绿、暗绿、黄褐、黑褐；幼龄时，体色偏绿。头褐色，有灰色白斑。前胸背板绿色或煤烟色。气门后上方有圆形白斑 蛹：长约10毫米，3～7节背面，5～7节腹面，有粗点刻。臀刺2根呈叉状，基部有短刚毛2根	成虫：体长16～21毫米，翅展37～42毫米。体灰褐色，头、胸部黄褐色，有黑斑，尾端鳞毛茶褐色 卵：扁半球形，高约0.4毫米，直径约为0.5毫米，初产时卵黄白色，后变为灰黄色重叠成块 幼虫：体长38～51毫米，圆筒形。体色因虫龄、食料、季节而变化。老熟时多数为黑褐色，少数为灰绿色；背线、亚背线橘黄色 蛹：体长18～20毫米，圆筒形，末端细小；腹端有粗刺一对，基部分开，尖端不呈钩状

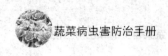

（续）

类别名称	菜青虫	小菜蛾	甜菜夜蛾	斜纹夜蛾
生物学习性	成虫喜欢在白昼强光下飞翔，终日飞舞在花间吸蜜	昼伏夜出，羽化、取食、交尾、产卵等，多在晚上，趋光性较强	甜菜夜蛾产卵活动一般是在夜间进行，产于寄主植物背面，卵排列成块，覆以灰白色鳞毛	羽化高峰在日落或光照结束后1～2小时，交配也常常发生在日落后1～2小时
发生规律	在连云港地区1年发生5～6代。以蛹越冬	6～8代，世代重叠；4～6月和8～11月是发生盛期	连云港地区一般年发生4～5代，以蛹越冬	年发生5代，成虫羽化多在夜间

防治方法	防治方法	"以农业防治为基础，优先采用生物防治，协调利用物理防治，科学合理化等防治"
	农业防治：	①实行轮作和间作，合理轮作，十字花科蔬菜与其他蔬菜。②清理、翻耕菜园。③避开虫害高发期。科学施肥
	物理防治：	①防虫网隔离。②黑光灯诱杀小菜蛾
	生物防治：	小菜蛾、甜菜夜蛾等性诱剂诱杀成虫
	化学防治：	选用高效低毒杀虫剂。小菜蛾对农药易产生抗性，必须注意轮换使用不同类型的农药品种，或与生物农药交替使用，以延缓抗性的产生。防治适期应掌握在卵盛孵至2龄幼虫发生期。常用杀虫剂有0.5%甲氨基阿维菌素苯甲酸盐乳油2 000倍液；10%氟虫双酰胺悬浮剂每亩20～25克等喷雾防治

四、茄果类蔬菜害虫绿色防控技术

茄果类蔬菜是重要的夏秋蔬菜，大量栽培的有番茄、辣椒、茄子、马铃薯等。在害虫综合防治中，本着冬春季减少越冬虫源，春季加强避蚜防蚜工作，夏秋季以生物防治和化学防治为主，结合植物检疫、农业防治等方法的原则，可以采取以下防治技术：

1. 越冬期防治

（1）清洁田园，铲除杂草　蔬菜收获后，及时清除田埂、路边、田间的残株落叶和杂草，可以消灭部分越冬的害螨雌成螨和叶蝉卵；晚秋及时处理收获的马铃薯、茄子残株，可以破坏马铃薯瓢虫的越冬场所，减少虫源；早春拔除菜田的龙葵、三叶草等杂草，以免越冬虫源转入蔬菜为害。

（2）冬季深翻土地 深翻除了能够直接杀灭棉铃虫、烟青虫、地老虎、马铃薯块茎蛾的越冬蛹以及蛴螬外，还可破坏羽化道，使成虫不能出土而窒息死亡。

（3）利用害虫习性，捕杀害虫，减少虫源 冬春季检查马铃薯瓢虫越冬场所，捕杀群居越冬的成虫；做好保护地烟粉虱、温室白粉虱、蚜虫等的防治工作，减少春季露地蔬菜地虫源。

2. 播种期防治

茄科蔬菜露地栽培主要有春播栽培与夏播栽培两种方式。春播番茄、茄子的播期一般在3月以前，害虫多3月末出蛰。因此，防治对象较少，主要为地下害虫，其次为蚜虫、螨类。

（1）加强植物检疫 为防止马铃薯块茎蛾的远距离扩散，不从疫区调运种薯以及未经烤制的烟叶等可能携带虫体的农产品；如需调运，需经检疫除害处理。

（2）调整播期或选用抗虫耐害品种 棉铃虫在种植早，长势好的番茄田中，卵始见期早，卵量大，为害重；反之，为害轻。因此，适当推迟播期可减轻棉铃虫的为害。选栽抗虫品种，如南京早椒，可减轻茶黄螨为害。

（3）合理安排前后作、邻作，科学间作套种 前茬是豆类、油菜、绿肥及麦类，后茬为或者间套茄子、辣椒、瓜类等蔬菜时，朱砂叶螨往往为害重；菜地靠近棉田、豆田或玉米田的，朱砂叶螨发生也重。因此，应当尽量避免这样的安排。

3. 生长期防治

春播栽培的苗期一般在2～4月，主要防治对象为蚜虫、烟粉虱、温室白粉虱和各类地下害虫；5～6月，越冬害虫从越冬场所或其他寄主上逐渐向定植后的茄科蔬菜上迁移，是防治蚜虫、烟粉虱、温室白粉虱、害螨以及棉铃虫、烟青虫的关键时期；7～8月，

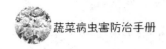

遇夏季高温，主要害虫为烟青虫、马铃薯瓢虫、茶黄螨和朱砂叶螨等；其后防治对象又以烟粉虱、温室白粉虱、马铃薯瓢虫、蚜虫为主。

（1）农业防治　茄株间叶打杈既有利于改善植株营养分配和通风透光，又能带出大量的卵、幼虫和成虫；结合整枝打杈，人工摘除棉铃虫、马铃薯瓢虫的卵块；及时摘除番茄虫果，捡拾落果，集中处理，减少虫量。在番茄、青椒田中或地边，选用心叶期与棉铃虫产卵盛期吻合的甜玉米，少量种植，引诱棉铃虫产卵，减少番茄上的落卵量，再集中消灭玉米上幼虫。也可假植杨柳枝诱杀棉铃虫成虫。

（2）生物防治　主要利用微生物杀虫剂和田间释放害虫天敌，防治棉铃虫、烟青虫和朱砂叶螨等。在棉铃虫、烟青虫的主要为害世代卵高峰期后3～4天和7～8天，连续喷施Bt（100亿活孢子/克）250～300倍液或棉铃虫核型多角体病毒2次，对三龄前幼虫可取得较好控制效果；防治辣椒上害螨，可选用日光霉素。在棉铃虫卵期，释放赤眼蜂，22.5万头/公顷，每隔3～5天释放1次，连续3～4次，卵的寄生率可达80%。在朱砂叶螨发生期，按照捕食螨：叶螨＝1：20的比例，释放拟长毛钝绥螨2～3次，基本控制叶螨为害。人工助迁天敌到菜田，如助迁麦田瓢虫到菜田，对抑制菜蚜、朱砂叶螨等的发生可起到明显的作用。

（3）物理防治　利用黄板诱杀烟粉虱、温室白粉虱和蚜虫；在菜、棉混作区，利用黑光灯、性诱剂诱杀棉铃虫；均可起到较好效果。

（4）化学防治　以常发性害虫如棉铃虫、烟青虫、朱砂叶螨等为防治对象，兼治马铃薯瓢虫、茶黄螨、桃蚜等。应注意各种害虫的防治适期和动态防治指标。对蚜虫、温室白粉虱、叶螨等害虫可在作物生长前中期采取"早防早治"的原则，主攻点片发生阶段，用药控制，后期应采取允许少量害虫存在的原则，减少用药次数。对棉铃虫、烟青虫，采取"挑治"与"狠治"相结合的策略。对马铃薯瓢虫，应在越冬成虫迁入作物地和幼虫孵化盛期、分散以前进行。常用杀虫剂以 1.8％阿维菌素、0.3％苦参碱等；杀螨剂有克螨特、浏阳霉素等；烟粉虱和温室白粉虱喷洒 1.8％阿维菌素、25％噻嗪酮、10％烯啶虫胺等。

五、豆科蔬菜害虫绿色防控技术

豆科蔬菜主要有菜豆、豇豆、豌豆、蚕豆、扁豆、菜苜蓿等 10 多种。豆科蔬菜上的害虫种类较多。苗期有豆根蛇潜蝇和各种地下害虫；生长期主要有食叶类害虫如豆天蛾、银纹夜蛾、苜蓿夜蛾、豆芫菁和二条叶甲；潜叶性害虫有豌豆潜叶蝇、美洲斑潜蝇等；钻蛀豆荚的有豇豆螟、大豆食心虫；蛀茎的有豆秆黑潜蝇；刺吸性害虫有温室白粉虱、烟粉虱、苜蓿蚜、大豆蚜等，干旱年份叶螨常为害猖獗。

1. 越冬期防治

冬春季豆田灌水，可促使豇豆螟越冬幼虫死亡；深翻土地，能使越冬的豆芫菁伪蛹暴露于土面或被天敌吃掉；在豆秆黑潜蝇越冬代成虫羽化前，处理越冬寄主，或烧毁或沤肥，消灭越冬虫源。

2. 播种期防治

①选育抗虫品种。选用铁丰 1 号、铁丰 18、辽豆 3 号、铁荚四粒黄等大豆品种，对大豆食心虫的抗性较强；抗蚜豇豆品种有朝阳线豇豆、三尺红、四季青等。选育早熟丰产、结荚期短、荚毛少或无毛品种，可减轻豆荚螟成虫产卵；具有大荚、果柄长度明显短于荚长品种特点的豌豆品种比小荚、果柄长度超过荚长的品种受豌豆象为害程度要轻。

②调整播期避开害虫为害盛期。适当调整播期，使寄主作物结荚期与害虫卵盛期错开，可大大减轻豌豆象与豇豆螟对寄主的为害。大豆适期早播，结合深翻、施肥、间苗等其他田间管理，使幼苗早发，以躲过成虫盛发期，可减轻豆秆黑潜蝇的为害。

③合理轮作换茬与间作。轮作换茬可减轻豆根蛇潜蝇、美洲斑潜蝇的为害；大豆与玉米等高秆作物间作，利用高秆作物阻碍豆天

蛾成虫在大豆上产卵，可显著减轻豆天蛾为害；豇豆与葱类间作套种具有吸引天敌、降低斑潜蝇为害的作用；抗虫作物苦瓜套种感虫作物丝瓜和豆角，也可减轻美洲斑潜蝇为害。

④深翻土壤或药剂处理土壤。针对美洲斑潜蝇落地化蛹的特点，在种植前深翻土壤，对发生严重的田块，采用5％辛硫磷2～3千克/亩处理，可有效压低虫口数量，兼治地下害虫。

3. 生长期防治

①农业防治。秋季蔬菜收获后，及时耕耙，深耕灭茬。降低豆根蛇潜蝇羽化率和推迟羽化，也可消灭部分在土中活动化蛹的幼虫。早春及时清除田间、田边杂草和寄主老脚叶，可减少二条叶甲、豌豆潜叶蝇、榆叶蝉越冬虫量，及时清除田间落花、落荚以及摘除被害的卷叶和豆荚，消灭豆野螟幼虫。冬季育苗要培育"无虫苗"。在保护地育苗时，应清除残株杂草，熏杀残余成虫，避免在温室烟粉虱发生的温室育苗。整枝打杈，摘除带虫老叶，带出田外处理，减轻温室烟粉虱为害。

②生物防治。主要防治对象为温室烟粉虱、美洲斑潜蝇。美洲斑潜蝇的天敌有潜蝇茧蜂、绿姬小蜂、双雕小蜂等。

③物理防治。在成虫高峰期，利用黄色粘板诱杀斑潜蝇和温室烟粉虱成虫，在与寄主嫩芽等高处，每隔2米挂一块黄色粘板，可有效诱杀成虫，减少虫口密度（粘板可买成品，也可用黄纸板涂一层机油做粘板）。利用黑光灯诱杀豆野螟、苜蓿夜蛾等。

④化学药剂防治。早期主要防治地下害虫、豇豆螟、蚜虫、叶螨等常发性害虫，兼治豌豆潜叶蝇、豆荚螟以及豆天蛾等食叶类害虫；后期以温室白粉虱、美洲斑潜蝇、南美斑潜蝇、豇豆螟、叶螨为主，兼治其他害虫；收获后要防治蚕豆象、豌豆象等；药剂以阿维菌素、烯啶虫胺、噻嗪酮以及苦参碱和烟碱等效果较好。各类药剂应轮换使用，采收期注意农药的安全间隔期。

豇豆螟的防治适期在寄主花期；美洲斑潜蝇防治适期为一龄幼虫盛发高峰期（即蛀道长1～3厘米时），防治指标一般为每100片小叶有450头时；防治温室烟粉虱力求掌握在点片发生阶段。

第七章

常 用 农 药

由于蔬菜栽培面积的不断扩大，栽培技术、耕作制度、生态环境条件的变化，新品种的大量引进，致蔬菜病虫害种类明显增多，已成为蔬菜生产中的重要问题。

农药是防治病虫害的重要技术手段。为了食品安全和环境保护，必须限制使用农药；要求调整农药品种，降低使用剂量，减少施药次数，提高防治水平。首先要掌握和了解农药类型性能、使用技术、防治对象，做到科学合理的使用农药非常重要。

农药的种类很多，根据来源不同可分为无机农药、有机合成农药和生物源农药等。本章按照生物农药，化学农药，低毒、低残留农药，农药安全使用技术，农药残留限量的知识点来叙述蔬菜生产上的常用农药。

一、农药的定义

根据 2017 年 3 月 16 日国务院签署发布的《农药管理条例》，自 2017 年 6 月 1 日起施行。该条例指出：农药是指用于预防、控制危害农业、林业的病、虫、草、鼠和其他有害生物以及有目的地调节植物、昆虫生长的化学合成或者来源于生物、其他天然物质的一种物质或者几种物质的混合物及其制剂。

二、农药的分类和分类方法

农药的分类方法很多，可以根据农药的防治对象、来源、作用

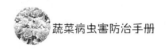

方式等分类。此外，还有按照成分分类方法。

（一）根据防治对象分类

可分为杀虫剂、杀螨剂、杀菌剂、杀线虫剂、除草剂、杀鼠剂和植物生长调节剂等（图 7-1）。

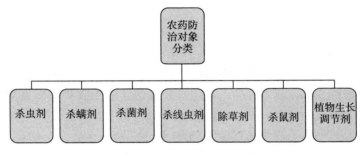

图 7-1　根据农药防治对象分类

（二）根据农药来源分类

农药按来源可分为矿物源农药、生物源农药和化学合成农药三大类（图 7-2）。

（三）根据农药作用方式分类

1. 杀虫剂的作用方式

（1）胃毒剂　通过消化系统进入虫体内，使害虫中毒死亡的药剂。如敌百虫等。这类农药对咀嚼式口器和舐吸式口器的害虫非常有效。

（2）触杀剂　通过与害虫虫体接触，药剂经体壁进入虫体内使害虫中毒死亡的药剂。如大多数有机磷杀虫剂、拟除虫菊酯类杀虫剂。触杀剂可用于防治各种口器的害虫，但对体被蜡质分泌物的介壳虫、木虱、粉虱等效果差。

（3）内吸剂　药剂易被植物组织吸收，并在植物体内运输，传导到植物的各部分，或经过植物的代谢作用而产生更毒的代谢物，

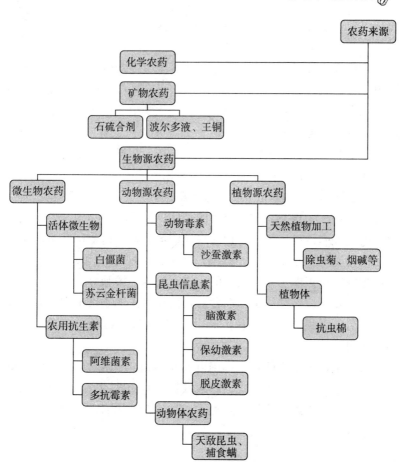

图 7-2　根据农药来源分类

当害虫取食植物时中毒死亡的药剂。如乐果、吡虫啉等。内吸剂对刺吸式口器的害虫特别有效。

（4）熏蒸剂　药剂能在常温下气化为有毒气体，通过昆虫的气门进入害虫的呼吸系统，使害虫中毒死亡的药剂。如磷化铝等。熏蒸剂应在密闭条件下使用效果才好。如用磷化铝片剂防治蛀干害虫时，要用泥土封闭虫孔。

（5）特异性昆虫生长调节剂　这类杀虫剂本身并无多大毒性，

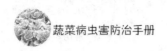

而是以特殊的性能作用于昆虫。一般将这些药剂称为特异性杀虫剂。按其作用不同如下述：

①昆虫生长调节剂。这种药剂通过昆虫胃毒或触杀作用，进入昆虫体内，阻碍几丁质的形成，影响内表皮生成，使昆虫蜕皮变态时不能顺利进行，卵的孵化和成虫的羽化受阻或虫体成畸形而发挥杀虫效果。这类药剂活性高、毒性低、残留少、有明显的选择性，对人、畜和其他有益生物安全。但杀虫作用缓慢，残效期短。如灭幼脲3号、优乐得、抑太保、除虫脲等。

②引诱剂。药剂以微量的气态分子，将害虫引诱在一起几种歼灭。此类药剂又分为食物引诱剂、性引诱剂和产卵引诱剂3种。其中使用较广的是性引诱剂。如桃小食心虫性诱剂、葡萄透翅蛾性诱剂等。

③趋避剂。作用于保护对象，使害虫不愿意接近或发生转移、潜逃想象，达到保护作物的目的。如驱蚊油、樟脑等。

④拒食剂。药剂被害虫取食后，破坏害虫的正常生理功能，取食量减少或者很快停止取食，最后引起害虫饥饿死亡。如印楝素、拒食胺等。

实际上，杀虫剂的杀虫作用方式并不完全是单一的，多数杀虫剂常兼有几种杀虫作用方式。如敌敌畏具有触杀、胃毒、熏蒸三种作用方式，但以触杀作用方式为主。在选择使用农药时，应注意选用其主要的杀虫作用方式（图7-3）。

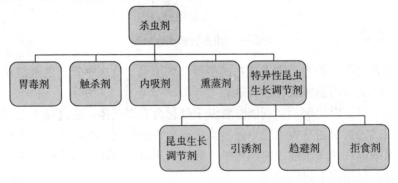

图7-3 杀虫剂作用方式分类

2. 杀菌剂的作用方式

（1）保护性杀菌剂 在病原微生物尚未侵入寄主植物前，把药剂喷洒于植物表面，形成一层保护膜，阻碍病原微生物的侵染，从而使植物免受其害的药剂。如波尔多液、代森锌、代森锰锌等（图 7-4）。

图 7-4 杀菌剂的作用方式分类

（2）治疗性杀菌剂 病原微生物已侵入植物体内，在其潜伏期间喷洒药剂，以抑制其继续在植物体内扩展或消灭其为害。如三唑酮、甲基硫菌灵、乙膦铝等。

（3）铲除性杀菌剂 对病原微生物有直接强烈杀伤作用的药剂。这类药剂常为植物生长不能忍受，故一般只用于播前土壤处理、植物休眠期使用火种苗处理。如石硫合剂、福美胂等。

（四）根据化学成分分类

1. 无机农药

无机农药是从天然矿物中获得的农药。无机农药来自于自然，环境可溶性好，一般对人毒性较低，是目前大力提倡使用的农药；可在生产无公害食品、绿色食品、有机食品中使用；无机农药，包括无机杀虫剂、无机杀菌剂、无机除草剂，如石硫合剂、硫黄粉、波尔多液等。无机农药，一般分子量较小，稳定性差一些，多数不宜与其他农药混用。

2. 生物农药

生物农药是指利用生物或其代谢产物防治病虫害的产品。生物农药有很强专一性，一般只针对某一种或者某类病虫发挥作用，对

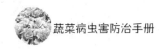

人无毒或毒性很小，也是目前大力提倡推广的农药；可在生产无公害食品、绿色食品、有机食品中使用；生物农药，包括真菌、细菌、病毒、线虫等以及代谢产物，如苏云金杆菌、白僵菌、昆虫核型多角体病毒、阿维菌素等。生物农药在使用时，活菌农药不宜和杀菌剂以及含重金属的农药混用，尽量避免在阳光强烈时喷用。

3. 有机农药

有机农药包括天然有机农药和人工合成农药两大类（图 7-5）。

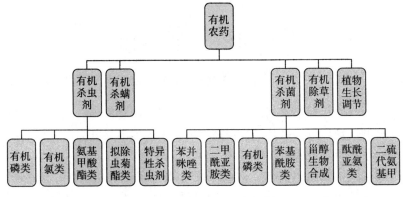

图 7-5　根据化学成分分类

（1）天然有机农药　是来自于自然界的有机物，环境可溶性好，一般对人毒性较低，是目前大力提倡使用的农药；可在生产无公害食品、绿色食品、有机食品中使用。如植物性农药、园艺喷洒油等。

（2）人工合成农药　即合成的化学制剂农药；种类繁多，结构复杂，大都属高分子化合物；酸碱度多是中性，多数在强碱或强酸条件下易分解；有些宜现配现用、相互混合使用。主要可分为 5 类：

①有机杀虫剂。包括有机磷类、有机氯类、氨基甲酸酯类、拟除虫菊酯类、特异性杀虫剂等。

②有机杀螨剂。包括专一性的含锡有机杀螨剂和不含锡有机杀螨剂。

③有机杀菌剂。包括二硫代氨基甲酸酯类、酞酰亚氨类、苯并

咪唑类、二甲酰亚胺类、有机磷类、苯基酰胺类、甾醇生物合成抑制剂等。

④有机除草剂。包括苯氧羧酸类、均三氮苯类、氨基甲酸酯类、酰胺类、苯甲酸类、二苯醚类、二硝基苯胺类、有机磷类、磺酰脲类等。

⑤植物生长调节剂。主要有生长素类、赤霉素类、细胞分裂素类等。

三、生物农药

生物农药作为一类特殊农药，与化学农药相比，使用技术要求较高，在实际选购和使用过程中，应当着重看清标签内容，根据不同种类生物农药的具体特点采用恰当的使用方法和技术，保证生物农药药效得以充分发挥。

影响微生物农药使用效果的几个因素（图7-6）：

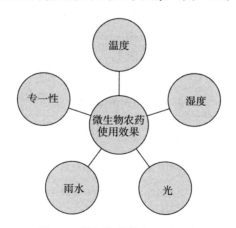

图7-6 微生物农药的影响因素

1. 微生物农药

微生物农药使用过程，需要注意环境条件和药剂专化性。

（1）掌握温度 微生物农药的活性与温度直接相关，使用环境的适宜温度应当在 15℃ 以上，30℃ 以下。低于适宜温度，所喷施的生物农药，在害虫体内的繁殖速度缓慢，而且也难以发挥作用，导致产品药效不好。通常微生物农药在 20～30℃ 条件下防治效果比在 10～15℃ 高出 1～2 倍。

（2）把握湿度 微生物农药的活性与湿度密切相关。农田环境湿度越大，药效越明显，粉状微生物农药更是如此。最好在早晚露水未干时施药，使微生物快速繁殖，起到更好的防治效果。

（3）避免强光 紫外线对微生物农药有致命的杀伤作用，在阳光直射 30 分钟和 60 分钟，微生物死亡率可达到 50％ 和 80％ 以上。最好选择阴天或傍晚施药。

（4）避免雨水冲刷 喷施后遇到小雨，有利于微生物农药中活性组织的繁殖，不会影响药效。但暴雨会将农作物上喷施的药液冲刷掉，影响防治效果。要根据当地天气预报，适时施药，避开大雨和暴雨，以确保杀虫效果。

（5）专一性病毒类微生物 病毒类微生物农药专一性强，一般只对一种害虫起作用，对其他害虫完全没有作用，如小菜蛾颗粒体病毒只能用于防治小菜蛾。使用前要先调查田间虫害发生情况，根据虫害发生情况合理安排防治时期，适时用药。

（6）常用的微生物农药（表 7-1）

表 7-1 常用的微生物农药

类别	活性	有效成分种类
微生物农药	杀虫	细菌：苏云金杆菌、球形芽孢杆菌、枯草芽孢杆菌、蜡质芽孢杆菌、地衣芽孢杆菌、荧光假单胞杆菌、多粘类芽孢杆菌、短稳杆菌
		真菌：金龟子绿僵菌、球孢白僵菌、哈茨木霉菌、木霉菌、淡紫拟青霉、厚孢轮枝菌、耳霉菌
		病毒：核型多角体病毒：茶尺蠖核型多角体病毒、甜菜夜蛾核型多角体病毒、苜蓿银纹夜蛾核型多角体病毒、斜纹夜蛾核型多角体病毒、甘蓝夜蛾核型多角体病毒、棉铃虫核型多角体病毒
		质型多角体病毒：松毛虫质型多角体病毒
		颗粒体病毒：菜青虫颗粒体病毒

2. 植物源农药

植物源农药与化学农药对于农作物病虫害的防治表现，与人类服用中药与西药后的表现相似。使用植物源农药，应当掌握以下要点：

（1）预防为主 发现病虫害及时用药，不要等病虫害大发生时才防治。植物源农药药效一般比化学农药慢，用药后病虫害不会立即见效，施药时间应较化学农药提前2~3天，而且一般用后2~3天才能观察到其防效。

（2）与其他手段配合使用 病虫为害严重时，应当首先使用化学农药尽快降低病虫害的数量、控制蔓延趋势，再配合使用植物源农药，实行综合治理。

（3）避免雨天施药 植物源农药不耐雨水冲刷，施药后遇雨应当补施。

（4）常用的植物源农药（表7-2）

表7-2 常用的植物源农药

类别	活性	有效成分种类
植物源农药	杀虫	苦参碱、鱼藤酮、印楝素、藜芦碱、除虫菊素、烟碱、苦皮藤素、桉油精、八角茴香油
	杀菌	蛇床子素、丁子香酚、香芹酚

3. 矿物源农药

目前常用的矿物源农药为矿物油、硫黄等。使用时注意以下几点：

（1）混匀后再喷施 最好采用二次稀释法稀释，施药期间保持振摇施药器械，确保药液始终均匀。

（2）喷雾均匀周到 确保作物和害虫完全着药，以保证效果。

（3）不要随意与其他农药混用 以免破坏乳化性能，影响药效，甚至产生药害。

（4）常见的矿物源农药（表7-3）

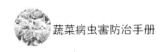

表 7-3　常见的矿物源农药

类别	活性	有效成分种类
矿物源农药	杀虫	矿物油、硫黄、硅藻土

4. 生物化学农药

生物化学农药是通过调节或干扰植物（或害虫）的行为，达到施药目的。

（1）性诱剂　性诱剂不能直接杀灭害虫，主要作用是诱杀（捕）和干扰害虫正常交配，以降低害虫种群密度，控制虫害过快繁殖。因此，不能完全依赖性引诱剂，一般应与其他化学防治方法相结合。如使用桃小食心虫性诱芯时，可在蛾峰期田间始见卵时结合化学药剂防治。

①开包后应尽快使用。性诱剂产品易挥发，需要存放在较低温度的冰箱中；一旦打开包装袋，应尽快使用。

②避免污染诱芯。由于信息素的高度敏感性，安装不同种害虫的诱芯前，需要洗手，以免污染。

③合理安放诱捕器。诱捕器放的位置、高度以及气流都会影响诱捕效果。如斜纹夜蛾性引诱剂，适宜的悬挂高度为 1～1.5 米；保护地使用可依实际情况而适当降低；小白菜类蔬菜田应高出作物 0.3～1 米；高秆类蔬菜田可挂在支架上；大棚类作物可挂在棚架上。

④按规定时间及时更换诱芯。

⑤防止危害益虫。使用信息素要防止对有益昆虫的伤害。如金纹细蛾性诱芯对壁蜂有较强的诱杀作用，故果树花期不宜使用。用于测报时，观测圃及邻近的果园果树花期不宜放养壁蜂和蜜蜂。

（2）植物生长调节剂

①选准品种适时使用。植物生长调节剂会因作物种类、生长发育时期、作用部位不同而产生不同的效应。使用时应按产品标签上的功能选准产品，并严格按标签标注的使用方法，在适宜的使用时期使用。

②掌握使用浓度。植物生物调节剂可不是"油多不坏菜"。要

严格按标签说明浓度使用，否则会得到相反的效果。如生长素在低浓度是促进根系生长，较高浓度反而抑制生长。

③药液随用随配以免失效。

④均匀使用。有些调节剂如赤霉素，在植物体内基本不移动，如同一个果实只处理一半，会致使处理部分增大，造成畸形果。在应用时注意喷布要均匀细致。

⑤不能以药代肥。促进型的调节剂，也只能在肥水充足的条件起作用。

（3）常见的生物化学农药（表7-4）

表7-4　常见的生物化学农药

类别	活性	有效成分种类
生物化学农药	生长调节	芸苔素内酯、赤霉酸、吲哚乙酸、吲哚丁酸
	信息素/引诱剂	诱蝇羧酯（地中海实蝇引诱剂）、诱虫烯、梨小性迷向素（E-8-十二碳烯乙酯、Z-8-十二碳烯醇、Z-8-十二碳烯乙酯）

5. 蛋白类、寡聚糖类农药

该类农药（如氨基寡糖素、几丁聚糖、香菇多糖、低聚糖素等）为植物诱抗剂，本身对病菌无杀灭作用，但能够诱导植物自身对外来有害生物侵害产生反应，提高免疫力，产生抗病性。使用时需注意以下几点：

①应在病害发生前或发生初期使用，病害已经较重时应选择治疗性杀菌剂对症防治。

②药液现用现配，不能长时间储存。

③无内吸性，注意喷雾均匀。

④常见的蛋白类、寡聚糖类农药（表7-5）。

表7-5　蛋白类、寡聚糖类农药

类别	活性	有效成分种类
蛋白或寡糖素	诱抗剂	葡聚烯糖、氨基寡糖素、几丁聚糖、香菇多糖、低聚糖素、超敏蛋白

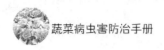

6. 天敌生物

目前应用较多的是赤眼蜂和平腹小蜂。提倡大面积连年放蜂，面积越大防效越好，放蜂年头越多，效果越好。使用时需注意：

①合理存放。拿到蜂卡后要在当日上午放出，不能久储。如果遇到极端天气，不能当天放蜂，蜂卡应分散存放于阴凉通风处，不能和化学农药混放。

②准确掌握放蜂时间。最好结合虫情预测预报，使放蜂时间与害虫产卵时间相吻合。

③与化学农药分时施用。放蜂前 5 天、放蜂后 20 天内不要使用化学农药。

④常见的天敌生物（表 7-6）。

表 7-6　常见的天敌生物

类别	活性	种　类
天敌生物	杀虫	赤眼蜂、平腹小蜂、捕食螨

7. 抗生素类农药

抗生素类农药（表 7-7）的使用同化学农药，如阿维菌素、多杀霉素等。但多数抗生素类杀菌剂不易稳定，不能长时间储存，如井冈霉素，容易发霉变质。药液要现配现用，不能储存。某些抗生素农药如春雷霉素、井冈霉素等不能与碱性农药混用，农作物撒施石灰和草木灰前后，也不能喷施。

表 7-7　常见的抗生素农药

类别	活性	有效成分种类
抗生素类农药	杀虫	阿维菌素、多杀霉素、乙基多杀菌素、浏阳霉素
	杀菌	井冈霉素、春雷霉素、多抗霉素、嘧啶核苷类抗菌素、嘧肽霉素、宁南霉素、硫酸链霉素、申嗪霉素、中生菌素、长川霉素

四、低毒、低残留农药

从保障人民生命安全、农产品质量安全和生态环境安全的目的出发，必须对高毒、高残留、对环境有不良影响的农药采用禁限用措施，积极推广使用低毒、低残留、环境友好型农药。自 2002 年起我国已禁止销售和使用 39 种农药，限制使用 20 种农药。59 种农药采取禁限用政策原因：①毒性高影响人身安全；如毒鼠强、甲胺磷、苯线磷等。②残留期过长影响农产品质量安全或产生作物药害；如三氯杀螨醇、氯磺隆、胺苯磺隆、甲磺隆等。③对环境有不良影响；如六六六、滴滴涕、氟虫腈等。

（一）低毒、低残留、环境友好型农药概念

低毒、低残留、环境友好型农药的 3 个条件：

（1）农药对人畜毒性低，使用安全 农药急性毒性大小一般在大白鼠上进行试验确定，按照我国农药产品毒性分级标准，低毒农药急性毒性大白鼠经口 LD50 的值为大于 500 毫克/千克。农药产品标签上都有醒目的毒性标志，低毒农药的标志是菱形框内标注红色字体的低毒字样。

（2）农药在植物体、农产品内和土壤中易于降解、残留低

（3）农药要更环保、更安全 由于农药有效成分本身对环境产生不良影响的品种，如引起水俣病的有机汞及高毒的无机砷、引起神经毒性的有机磷类及因残留导致环境污染的有机氯类，以及近年来对环境产生不良影响的磷化铝、溴甲烷等绝大多数品种都已被禁用，所以现在说环境友好型农药更多的是指农药剂型对环境无不良影响或影响较小。

在 20 世纪 80 年代中期，联合国通过大量调研与论证，形成了环境友好型农药剂型的基本框架（表 7-8），该框架体现在中华人民共和国与联合国所签署的 CPR/91/121 号合作开发框架文体中。在这个框架中，现在仍占较大比例的乳油、粉剂和可湿性粉剂这 3

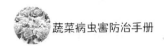

种剂型被归为传统剂型，而水乳剂、微胶囊悬浮剂、悬浮剂、悬乳剂和水分散粒剂则是环境友好剂型。

表7-8　全球环境友好型农药基本框架

传统剂型	环境友好剂型
乳油（EC）	水乳剂（EW）
粉剂（DP）	微胶囊悬浮剂（CS）
可湿性粉剂（WP）	悬浮剂（SC）
	悬乳剂（SE）
	水分散粒剂（WG）

（二）低毒、低残留、环境友好型农药品种

截止2014年年底，全国共登记了660个农药有效成分。农业部种植业管理司会同农药检定所，组织有关专家，根据农药品种毒性、残留限量标准、农业生产使用及风险监测等情况，对已取得正式登记的农药品种进行筛选、评估，制定了《种植业生产使用低毒低残留农药主要品种名录（2014）》，指导农民选用低毒低残留农药时参考使用。《种植业生产使用低毒低残留农药主要品种名录（2014）》共有91个农药有效成分，占全部登记有效成分的13.8%。

1. 杀虫剂

如四螨嗪、溴螨酯、虫酰肼、除虫脲、氯虫苯甲酰胺、烯啶虫胺等化学农药和苏云金杆菌、球孢白僵菌、菜青虫颗粒体病毒、甘蓝夜蛾核型多角体病毒等生物农药（表7-9）。

表7-9　生产中常使用的低毒低残留农药-杀虫剂

序号	农药品种名称	使用范围
1	多杀霉素	甘蓝、柑橘树、大白菜、茄子、节瓜
2	联苯肼酯	苹果树
3	四螨嗪	苹果树、梨树、柑橘树
4	溴螨酯	柑橘树、苹果树
5	菜青虫颗粒体病毒	十字花科蔬菜

（续）

序号	农药品种名称	使用范围
6	茶尺蠖核型多角体病毒	茶树
7	虫酰肼	十字花科蔬菜、苹果树
8	除虫脲	小麦、甘蓝、苹果树、茶树
9	短稳杆菌	十字花科蔬菜、水稻
10	氟啶脲	甘蓝、棉花、柑橘树、萝卜
11	氟铃脲	甘蓝、棉花
12	甘蓝夜蛾核型多角体病毒	甘蓝、棉花
13	甲氧虫酰肼	甘蓝、苹果树
14	金龟子绿僵菌	苹果树、大白菜、椰树
15	矿物油	黄瓜、番茄、苹果树、梨树、柑橘树、茶树
16	螺虫乙酯	番茄、苹果树、柑橘树
17	氯虫苯甲酰胺	甘蓝、苹果树、水稻、棉花、甘蔗、花椰菜
18	棉铃虫核型多角体病毒	棉花
19	灭蝇胺	黄瓜、菜豆
20	灭幼脲	甘蓝
21	苜蓿银纹夜蛾核型多角体病毒	十字花科蔬菜
22	球孢白僵菌	水稻、花生、茶树、小白菜、棉花
23	杀铃脲	柑橘树、苹果树
24	苏云金杆菌	十字花科蔬菜、梨树、柑橘树、水稻、玉米、大豆、茶树、甘薯、高粱、烟草、枣树、棉花
25	甜菜夜蛾核型多角体病毒	十字花科蔬菜
26	烯啶虫胺	柑橘树、棉花
27	斜纹夜蛾核型多角体病毒	十字花科蔬菜
28	乙基多杀菌素	甘蓝、茄子
29	印楝素	甘蓝

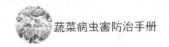

2. 杀菌剂

有啶酰菌胺、氟啶胺、氟酰胺、已唑醇、三唑酮、戊菌唑、抑霉唑、枯草芽孢杆菌、蜡质芽孢杆菌、几丁聚糖、氨基寡糖素等（表 7-10）。

表 7-10 生产中常使用的低毒低残留农药-杀菌剂（含杀线虫剂）

序号	农药品种名称	使用范围
1	啶酰菌胺	黄瓜、草莓
2	几丁聚糖	黄瓜、番茄、水稻、小麦、玉米、大豆、棉花
3	淡紫拟青霉	番茄
4	R-烯唑醇	梨树
5	氨基寡糖素	黄瓜、番茄、梨树、西瓜、水稻、玉米、白菜、烟草、棉花
6	苯醚甲环唑	黄瓜、番茄、苹果树、梨树、柑橘树、西瓜、水稻、小麦、茶树、人参、大蒜、芹菜、大白菜、荔枝树、芦笋
7	丙环唑	水稻、香蕉
8	春雷霉素	水稻、番茄
9	稻瘟灵	水稻
10	低聚糖素	番茄、水稻、小麦、玉米、胡椒
11	地衣芽孢杆菌	黄瓜（保护地）、西瓜
12	多粘类芽孢杆菌	黄瓜、番茄、辣椒、西瓜、茄子、烟草
13	噁霉灵	黄瓜（苗床）、西瓜、甜菜、水稻
14	氟啶胺	辣椒
15	氟吗啉	黄瓜
16	氟酰胺	水稻
17	菇类蛋白多糖	番茄、水稻
18	寡雄腐霉菌	番茄、水稻、烟草
19	已唑醇	水稻、小麦、番茄、苹果树、梨树、葡萄
20	枯草芽孢杆菌	黄瓜、辣椒、草莓、水稻、棉花、马铃薯、三七
21	喹啉铜	苹果树

（续）

序号	农药品种名称	使用范围
22	蜡质芽孢杆菌	番茄、小麦、水稻
23	咪酰胺	黄瓜、辣椒、苹果树、柑橘、葡萄、西瓜、香蕉、荔枝、龙眼
24	咪鲜胺锰盐	黄瓜、辣椒、苹果树、柑橘、葡萄、西瓜
25	嘧菌酯	葡萄
26	木霉菌	黄瓜、番茄、小麦
27	宁南霉素	水稻、苹果树
28	葡聚烯糖	番茄
29	噻呋酰胺	水稻、马铃薯
30	噻菌灵	苹果树、柑橘、香蕉
31	三乙膦酸铝	黄瓜
32	三唑醇	水稻、小麦、香蕉
33	三唑酮	水稻、小麦
34	戊菌唑	葡萄
35	烯酰吗啉	黄瓜
36	香菇多糖	西葫芦、烟草
37	乙嘧酚	黄瓜
38	异菌脲	番茄、苹果树、葡萄、香蕉
39	抑霉唑	苹果树、柑橘
40	荧光假单胞杆菌	番茄、烟草

3. 除草剂

如精喹禾灵、精异丙甲草胺、硝磺草酮、氰氟草酯、苄嘧磺隆、吡嘧磺隆等（表7-11）。

表7-11　生产中常使用的低毒低残留农药-除草剂

序号	农药品种名称	使用范围
1	苯磺隆	小麦
2	苯噻酰草胺	水稻（抛秧田、移栽田）

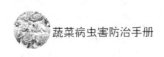

（续）

序号	农药品种名称	使用范围
3	吡嘧磺隆	水稻（抛秧田、移栽田、秧田）
4	苄嘧磺隆	水稻（直播田、移栽田、抛秧田）
5	丙炔噁草胺	水稻移栽田、马铃薯田
6	丙炔氟草胺	柑橘园、大豆田
7	精吡氟禾草灵	大豆田、棉花田、花生田、甜菜
8	精喹禾灵	油菜田、棉花田、大豆田
9	精异丙甲草胺	玉米田、花生田、油菜移栽田、夏大豆田、甜菜田、芝麻田
10	氯氟吡氧乙酸	小麦田
11	氰氟草酯	水稻（直播田、秧田、移栽田）
12	稀禾啶	花生田、油菜田、大豆田、亚麻、甜菜田
13	硝磺草酮	玉米田
14	异丙甲草胺	玉米田、花生田、大豆田
15	仲丁灵	棉花田

4. 植物生长调节剂

包括 S-诱抗素、胺鲜酯、赤霉酸 A3、赤霉酸 A4＋A7、萘乙酸、乙烯利、芸苔素内酯（表7-12）。

表7-12　生产中常使用的低毒低残留农药—植物生长调节剂

序号	农药品种名称	使用范围
1	S-诱抗素	番茄、水稻、烟草、棉花
2	胺鲜酯	大白菜
3	赤霉酸 A3	梨树、水稻、菠菜、芹菜
4	赤霉酸 A4＋A7	苹果树、梨树、荔枝树、龙眼树
5	萘乙酸	水稻、小麦、苹果树、棉花
6	乙烯利	番茄、玉米、香蕉、荔枝树、棉花
7	芸苔素内酯	黄瓜、番茄、辣椒、苹果树、梨树、柑橘树、葡萄、草莓、香蕉、水稻、小麦、玉米、花生、油菜、大豆、叶菜类蔬菜、荔枝树、龙眼树、棉花、甘蔗

5. 选择低毒、低残留、环境友好型的农药

名录针对农药有效成分，不涉及农药剂型。使用农药时，可参考名录，再结合全球环境友好型农药基本框架中所列环境友好型剂型（表7-13），选准既是低毒、低残留，又是环境友好型的农药。

表7-13　6种杀虫剂新有效成分的田间试验情况

药剂名称	适用作物	防治对象	推荐剂量（克/公顷，以有效成分计）
溴氰虫酰胺	小白菜	小菜蛾、菜青虫、蚜虫、斜纹夜蛾、跳甲	21～60
	菜豆	美洲斑潜蝇、豆荚螟	
	黄瓜	瓜蚜、烟粉虱	
	大葱	斑潜蝇、蓟马、甜菜夜蛾	
	豇豆	美洲斑潜蝇、豆荚螟、蓟马、蚜虫	
	西瓜	烟粉虱、蚜虫、棉铃虫、甜菜夜蛾	
	番茄	棉铃虫、烟粉虱、蚜虫	
	棉花	蚜虫、棉铃虫、烟粉虱	
氟啶虫胺腈	棉花	盲蝽	50～75
		粉虱	50～100
	水稻	稻飞虱	50～75
乙基多杀菌素	水稻	稻纵卷叶螟	18～27
	茄子	棕榈蓟马	9～18
	十字花科蔬菜	甜菜夜蛾	18～27
噻虫胺	水稻	稻飞虱	11.25～15
螺虫乙酯	番茄	烟粉虱	90～108
丁氟螨酯	柑橘树	红蜘蛛	80～100毫克/千克

　　如在蔬菜、果树上使用杀菌剂苯醚甲环唑，由于苯醚甲环唑的剂型有乳油、悬浮剂和水分散粒剂，因此可以选择苯醚甲环唑水分散粒剂或悬浮剂，这样所选农药既是低毒、低残留农药，又是环境

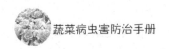

友好型农药。再比如，小麦除草剂苯磺隆，有可湿性粉剂还有水分散粒剂，我们应优先选择使用苯磺隆水分散粒剂。

（三）低毒、低残留、环境友好型农药使用

由于低毒、低残留、环境友好型存在使用成本偏高、速效性慢等缺点，农民接受起来有一定难度；建议政府推广部门和科研单位加强引导和政策扶持，鼓励农民积极使用。

五、农药安全使用技术

农药是用于防治为害农林作物的病、虫、草、鼠等有害生物和调节植物生长发育的药品。农药的种类很多，根据源料来源不同，可分为无机农药，有机合成农药和生物源农药等。按照防治对象和用途不同，可分为杀虫剂、杀菌剂、杀螨剂、杀线虫剂、杀软体动物剂、杀鼠剂、除草剂、植物生长调节剂。

（一）农药的剂型

经过加工的农药称为农药制剂。包括原药和辅助剂。制剂的形态称为剂型。目前常用的农药制剂有可湿性粉剂、粉剂、粉尘剂、水分散粒剂、可溶性粉剂、烟剂、乳油、水剂、悬浮剂等剂型。

（1）可湿性粉剂　是一种常用的剂型。加水稀释后形成稳定的，可供喷雾的悬浮液。其雾点比较细，湿润性好，能够在植物体表上形成良好的沉积覆盖，残效期较长，防治效果优于同一农药的粉剂。

（2）粉剂　是一种常用的剂型。它不溶于水，因此不能加水喷雾使用。使用时需因喷粉器喷粉。

（3）粉尘剂　是专用于保护地喷粉防治病虫害的一种微粉剂，需用喷粉器喷粉。粉尘剂的粉粒很小，喷施后可在室内空中弥散稳定，易于在植株冠层中扩散，可均匀地沉降在作物各部位，充分发挥药效，不增加棚室内湿度。

（4）颗粒剂　是常用的一种剂型。可直接撒于土壤，用于防治地下害虫，土传病害、线虫等。

（5）乳油　是一种常用的剂型。加水后形成白色的乳状液供喷雾使用。喷雾后在植株表面湿润展布好，黏附力强，渗透性强，不易被雨水冲刷，防治效果好，残效期较长。

（6）悬浮剂　由原药和各种助剂构成的黏稠性悬浮液。主要用于常规喷雾用，加水调制成悬浮液即可喷雾，也可进行低容量喷雾。对环境污染小，施用方便。

（7）水剂　在水中溶解度高而且化学性质稳定的农药，可直接用水配制成水剂。使用时加水稀释到所需的浓度即可喷雾。

（8）烟剂　是将原药、助燃剂、氧化剂、消燃剂等制成粉状或锭状制剂。点燃后迅速汽化，在空气中遇冷而重新凝雾聚成微小的固体颗粒形成烟。在棚室空气中长时间飘浮，缓慢沉降，能在空间中自行扩散，穿透缝隙，在植株体的所有表面沉积。烟剂主要用在棚室中熏烟法施药。

（9）水分散粒剂　由农药原药、湿润剂、分散剂、崩解剂等多种助剂和填料加工的一种新型颗粒剂，遇水能崩解分散成悬浮液。该剂型颗粒均匀，光滑流动性好，物理化学稳定性好，在高温、高湿条件下不黏接，不结块，在水中分散性好，悬浮率高。该剂型兼具可湿性粉剂、胶悬剂的优点。主要用于兑水喷雾防治病虫害。

（10）可溶性粉剂　即水可溶性粉剂，是由可溶性原药制成的粉剂。加水溶解为水溶液，可直接进行喷雾防治病虫害。

（11）种衣剂　是专供种子包衣用的药剂。种衣剂多为混合制剂，一次包衣可兼治多种害虫，或兼治病害。

（二）农药剂型的选用

因同一种农药有多种剂型，同一剂型又有不同规格的制剂，所以要根据不同作物和防治对象，以及施药机械和使用条件的情况选用适宜的剂型和制剂。

如果防治虫害时，乳油的效力显著高于悬浮剂和可湿性粉剂。

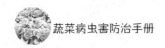

因为乳油的分散介质是有机溶剂，对害虫的体壁有很强的侵蚀和渗透作用，有利于触杀性神经使毒剂快速进入害虫体内，药效高、发挥快。同一种有效成分的杀虫剂，以选用乳油为好。

悬浮剂是乳油的替代剂型，其效力虽低于乳油，但显著高于可湿性粉剂。杀菌大多采用可湿性粉剂、悬浮剂等剂型，因为对菌类细胞壁和细胞膜的渗透不需要有机溶剂的协助，悬浮剂的效果比可湿性粉剂更好。

在防治病虫害选择剂型时，除了毒理学方面的考虑外，还应考虑防治对象、价格，对施药器械的要求。同时还要考虑天气情况等。在炎热天气喷药，乳油、油剂等油性介质农药较易引起药害或中毒，而水性介质的剂型如可湿性粉剂，水分散粒剂、水可溶性粉剂等风险较低。

同一种剂型，可能有不同规格的制剂，有效成分含量不同。以选用含量高的制剂较为适宜。

防治病虫害购买农药时，用多少买多少，最好用一次买一次，不要买上贮藏待用，以免发生意外。

购买农药时，最好在有门市的农药经销商店购买，不要从上门零时卖药人购买农药。在农药经销商店购买的农药，一旦出现问题能找到人处理有关事宜，上门卖农药人一走就找不着了，出了问题难处理。购药时最好索要发票，以防万一出了问题，发票是最有力的证据。

（三）农药的合理配制

进行农药配制，首先要根据选定的农药品种、剂型、有效成分的含量和防治对象，加水倍数进行配制，最常用的浓度表示法是倍数法，即稀释多少倍的范围，如 70％代森锰锌可湿性粉剂 600 倍液（即 1 份药剂加 600 份水）。

目前使用的农药品种多为高效农药。用药量很低，每亩十几毫升到几十毫升。因此，配药时一定要用计量器具，来量取药剂和水，决不能凭经验或用粗放的代用器具计量，否则很可能出现误差，用药量过大，一是造成药剂浪费，二是易产生药害，用药量过小又达不到预期的防治效果。

正确的农药稀释是先将所用的药剂用少量水稀释调制母液，然后再稀释到所需的浓度。采用二次稀释可保证药剂在水中分布均匀，分散性好。避免产生药害。

（四）农药的混用

将两种或两种以上的农药制剂配在一起施用，称为农药的混用。合理的混用可以扩大药剂的使用范围，兼治几种有害生物，提高药效，减少施药次数，减少用药量，降低成本。有的药剂之间可以互补，可以提高药效。有的混用还可降低毒性，减轻药害或其他不良副作用。作用机制不同的药剂混用可以减缓有害生物抗药性的产生。

两种农药混配时一定要注意阅读农药使用说明或查找有关书籍，先进行小面积试验，明确药效，药害情况后再大面积使用。

农药混用时配制药液的方法一般先用足量的水配好一种单剂的药液，再用这种药液稀释另一种单剂，而不能先混合两种单剂，再用水稀释。

（五）农药的使用方法

（1）喷雾法　是最常用的施药方法。适合乳油、水剂、可湿性粉剂、水分散粒和悬浮剂等农药剂型的施用。喷雾法的优点是药液可直接接触防治对象，分布均匀，见效快，防效好，方法简单，缺点是药液易流失，对施药人员安全性较差。

（2）粉尘法　粉尘法是专用防治保护地蔬菜病虫害的新技术，利用喷粉器将粉尘剂吹散于棚室内，使其在蔬菜植株间扩散飘移，多向沉积，最后形成非常均匀的药粒沉积分布。施药时要对空中喷，不要对准作物喷。粉尘法不受天气限制，在阴雨天也可进行。晴天宜在傍晚进行。

（3）熏烟法　熏烟法是利用烟剂农药，在密闭的环境下点燃烟

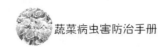

剂有效药剂，产生微粒，形成气溶胶，在棚室扩散沉积，使棚室内的植物，墙壁及地面全部着药。达到防治目的，使用时最好在傍晚闭棚后施用，第二天早晨要通风，然后再行其作业。

（4）土壤处理法　是将使用的农药剂型撒于土壤表面，翻入耕作层，或直接灌施土壤或植株根周围进行防治病虫害。一般常用于育苗时土壤处理。

（5）种子处理法　一般常用的方法拌种法、浸种法、闷种法和种子种衣剂。种子处理用于防治种传病害，并保护种苗免受土壤中病原物的侵染和害虫为害，用内吸剂处理种子还可防治地上部病虫害。

（6）种苗浸种法　将农药稀释后，用于蘸根，防治病虫害。优点是保苗效果好，对害虫天敌影响小，农药用量也较小。

（7）毒饵法　用饵料与具有胃毒剂的药剂混合制成的毒饵，用于防治害虫和害鼠。毒饵法对地下害虫和害鼠有较好的防治效果，缺点是对人畜安全性差。

（六）农药的科学合理使用

为了充分发挥农药的药效，达到防病防虫增产的目的，应合理使用农药，采用适宜的施药方式，选用合格的药械，提高施药质量，对症下药，适时适量用药，确保农药使用的安全间隔期，防止药害以及抑制有害生物抗药性等。

（1）选准药剂，对症下药　农药种类很多，每种农药的不同剂型都有防治的对象，因此在生产实践中，使用某一种农药必须了解该农药的性能特点，具体防治对象发生规律，才能做到对症下药。如杀虫剂中胃毒剂对咀嚼式口器害虫有效，如菜青虫、小菜蛾等。内吸剂一般只对刺吸式口器害虫有效，如蚜虫、白粉虱、斑潜蝇等。触杀剂则对各种口器害虫都有效。熏蒸剂则只能在保护地密闭后使用有效，露地使用效果不好。选用杀菌剂时更需注意，通常防治真菌性病害的农药对细菌性病害效果不好。同种农药的不同剂型其防治效果也有差别。在保护地使用粉尘剂或烟雾剂效果较好。

（2）掌握病虫发生动态，适时用药　选择合适的时间用药，是控制病虫害保护有益生物，防止药害和避免农药残留的有效途径。做到用最少的药，取得最好的防治效果，就必须了解病虫的发生情况，发病规律，掌握其在田间实际发生的动态，该防治的时候才用药，不要见到虫就用药。如鳞翅目的害虫一般应在三龄前防治。保护性杀菌剂必须在发病前用药，治疗性杀菌剂必须在发病初用药。芽前除草剂必须在芽前使用，绝对不能在出苗后施用否则易产生药害。

（3）准确掌握用药量是病虫害的重要环节　一定要按照农药使用说明量取农药施用量，使用的浓度和用量务必准确。

（4）选择适宜的施药方法，保证施药质量　由于农药种类和剂型不同，施药方法不同。采用正确的使用方法，不仅可以充分发挥农药的防治效果，而且能避免或减少杀灭有益生物，作物的药害和农药残留。如可湿性粉剂不能用作喷粉。颗粒剂、粉剂不能用作喷雾。胃毒剂不能用作涂抹。

（5）根据天气情况、科学、正确施用农药　一般应在无风或微风天气条件下施用农药，中午前后，温度高，不宜施药，温度高，易产生药害。保护地用农药应在晴天的上午10时前喷药，注意不要在阴雨天，下雪天施喷雾类型的药剂，可采用烟雾剂类型农药。

（6）轮换使用农药　在一个地区或在一定的范围内，经常使用单一的农药容易使病虫产生抗药性，使防治效果下降，因此即使农药效果好，也不能长时间使用。科学轮换使用作用机制不同的农药品种是延缓病虫害产生抗药性的最有效方法之一。

（7）高度重视安全使用农药　多数蔬菜采后可直接食用，因此在蔬菜生产中必须高度重视农药的安全使用，应严格遵守《农药安全使用技术规范》和《农药合理使用准则》，遵守有关农药管理法规，严禁使用高毒、剧毒、高残留农药，严格执行农药使用安全间隔期制度，严格掌握各种农药的适用范围。

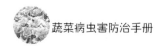

六、农药的残留限量

我国是一个农业大国，农作物病、虫、草害等式农业生产的重要生物灾害。这些有害生物种类繁多，分布广泛，成灾条件复杂，发生频繁。在生物灾害的综合治理中，化学防治依然是最方便、稳定、有效、可靠、廉价的防治手段。2013 年我国的农药用量居世界首位，每年达 80 万～100 万吨；年产 40 多万吨（有效成分）居世界第二位。目前施用农药防治面积约为 1.53 亿公顷，通过化学防治每年挽回粮食损失 200 亿～300 亿千克，挽回直接经济损失达 600 亿元。

农药的使用无疑对消除病虫害，铲除杂草，增加农业产量做出了巨大的贡献。但随着人们物质生活水平的提高，农药的残留问题越来越引起人们的普遍关注。

目前，农药残留量超标问题日益严重。为此，许多国家制定了农药在食品中的最高残留限量；我国果蔬类食品农药残留测定方法标准尚显滞后。各种农药的大量使用，环境和食品中农药残留问题已经引起人们的普遍重视，研究和建立各种农药残留限量对科学使用农药、控制生物灾害，改善环境污染、保证人类健康有着极其重要的意义。

（一）制订农药残留标准的依据

现在国际食品法典委员会制定农药残留标准的评估依据或评估程序以及现在国际上通行的程序或评估依据来说，概括起来可以分为四个步骤，我们国家现在农药残留标准的评估也是遵循这四个步骤来进行的。

1. 确定每日允许摄入量

第一步，通过动物代谢试验来确定农药的每日允许摄入量。我们通过对哺乳动物的饲喂实验，确定农药进入动物体内后，在动物体内的代谢过程和它主要分布在动物的哪些器官中，同时我们还要看农药进入动物体内以后是否存在致畸、致癌或会影响到遗传和生殖的风险。在此基础上，我们会制定一个安全的摄入量，也就是人通过食物每天间接摄入农药的允许摄入量，简单地说就是如果超过这个允许摄入量对人体健康是有风险的，如果在这个允许摄入量的范围之下，对人的安全是有保障的。

2. 确定农药在植物体内的部位及残留量

第二步，通过植物代谢试验确定农药到植物体内以后在植物体内的代谢和降解过程，同时还要明确它到植物体内以后分布在植物的那些器官上，因为植物有根茎叶花果实。作为食物这一部分，对应每个作物都是不一样的，绿叶蔬菜吃的是叶，像萝卜这一类，我们吃的是它的根，我们要确定的是农药进入植物体内以后主要残留在它的哪个部位，这个部位是不是我们人作为食物的部位，在此基础上还要确定在这个部位的农药残留量有多大，即除了定性还要有定量。

3. 确认中国人膳食消费的量和结构

在前两步确定的基础上，第三步要确认的就是中国人膳食消费的量和结构。作为我们中国人来说，可能我们日常摄入的食物除了有粮食作物、蔬菜水果、植物油料，可能还涉及茶叶及其他的做饭用的调料。所有的食品在中国人的消费习惯中，每一个人一天要摄入多少，摄入多少粮食作物、摄入多少蔬菜、摄入多少水果，分门别类的有一个数值和比值。

4. 风险评估

在这三项数据都得到确认的基础上，我们第四步就是进行计算，也就是大家通常说的风险评估，我们计算出人一天间接通过这些食物摄入到的农药在我们体内总的残留量，把这个总的农药残留量和第一步得出的每日允许摄入量进行比较，当每天摄入量不超过每日允许摄入量时，它就是安全的。如果这个比值超过了每日允许摄入量，我们的安全预值确定为百分之百，如果超过这百分之百，就说明它对人的健康存在风险隐患。如果我们在评估的过程中发现有超过百分之百预值的农药，就会转入到农药登记环节，去调整农药在农业生产中的施用剂量，施用次数或安全间

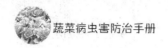

隔期，我们通过减少剂量、减少次数、延长安全间隔期等措施，把残留量降低下来，符合我们的健康安全和风险控制的需要。这就是残留限量标准的制定依据，目前来讲，国际通行的办法都是这四个步骤。

其中两个步骤的数据会影响到各国农药残留标准间的差异。一是农药在一个国家使用的剂量与这个国家所处的气候带和病虫害发生的规律以及种植的农产品结构有关系的，所以各个国家对同一种农药的推荐使用量都不一致。第二是每个国家的膳食结构不一样，像欧洲人，可能土豆、洋葱的摄入量比亚洲人多很多，这个膳食量的比例是不一样的。因为这两组数据上的差异，所以同样的农药在同一个作物上各国制定出来的残留限量标准是有差异的，这个差异是体现了科学性，如果是完全没有差异的标准，从某种意义上来说，就不是特别严谨或特别科学。这就是为什么各个国家的农药残留标准会存在差异性。

（二）《食品安全国家标准　食品中农药最大残留限量》2016版颁布实施

《食品安全国家标准　食品中农药最大残留限量》2016版正式颁布实施（GB2763—2016），这一农药残留的新国标，在标准数量和覆盖率上都有了较大突破，规定了433种农药在13大类农产品中4 140个残留限量，较2014版增加490项，基本涵盖了我国已批准使用的常用农药和居民日常消费的主要农产品。

1. 新版农药残留限量标准具有三大特点：

一是制定了苯线磷等24种禁用、限用农药184项农药最大残留限量，为违规使用禁限农药监管提供了判定依据。

二是按照国际惯例，对不存在膳食风险的33种农药，豁免制定食品中最大残留限量标准，增强了我国食品中农药残留标准的科学性、实用性和系统性。

三是除对标准中涉及的限量推荐了配套的检测方法外，还同步发布了106项农药残留检测方法国家标准。

2. 符合中国国情的食品中农药残留限量

据悉，我国现发布的食品中农药残留限量均是根据我国农药残留田间试验数据、我国居民膳食消费数据、农药毒理学数据和国内农产品市场监测数据，经过科学的风险评估后制定的。同时，为确保标准的科学、公正、公开，标准制定期间，广泛征求了生产、科研、管理等各方面和社会公众意见，接受了世界贸易组织成员对标准科学性的评议，在以保证农产品质量安全为基础的同时，又适应我国农业生产实际。

作为国际食品法典农药残留委员会主席国，我国是少数几个参与制定国际标准的国家之一，"十二五"期间，我国参与国际标准制定的能力和影响力逐步提升，使用我国残留数据制定国际限量标准数量已达到 11 项。目前我国农药残留膳食风险评估原则、方式、数据量需求等方面已与国际接轨。

（三）蔬菜常用农药的农药残留限量

1. 阿维菌素（abamectin）

主要用途：杀虫剂。每日允许摄入量（ADI）：0.002 毫克/千克。残留物：阿维菌素（B1a 和 B1b 之和）。检测方法：蔬菜 SN/T 1973 规定的方法测定（表 7-14）。

表 7-14 最大残留限量表

食品类别	名称	最大残留限量（毫升/千克）
	韭菜	0.05
	结球甘蓝	0.05
	花椰菜	0.5
	菠菜	0.05
蔬菜	普通白菜	0.05
	莴苣	0.05
	芹菜	0.05
	大白菜	0.05
	番茄	0.02

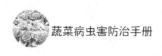

（续）

食品类别	名称	最大残留限量（毫升/千克）
蔬菜	甜椒	0.02
	黄瓜	0.02
	西葫芦	0.01
	豇豆	0.05
	菜豆	0.1
	萝卜	0.01
	马铃薯	0.01

2. 毒死蜱（chlorpyrifos）

主要用途：杀虫剂。ADI：0.01 毫克/千克。残留物：毒死蜱。检测方法：蔬菜按照 GB/T 19648 规定的方法测（表 7-15）。

表 7-15　最大残留限量表

食品类别	名称	最大残留限量（毫克/千克）
蔬菜	韭菜	0.1
	结球甘蓝	1
	花椰菜	1
	菠菜	0.1
	普通白菜	0.1
	莴苣	0.1
	芹菜	0.05
	大白菜	0.1
	番茄	0.5
	黄瓜	0.1
	菜豆	1
	芦笋	0.05
	朝鲜蓟	0.05
	萝卜	1
	胡萝卜	1
	根芹菜	1
	芋	1

3. 氟氯氰菊酯和高效氟氯氰菊酯（cyfluthrin 和 beta-cyfluthrin）

主要用途：杀虫剂。ADI：0.04 毫克/千克。残留物：氟氯氰菊酯（异构体之和）。检测方法：蔬菜、食用菌按照 GB/T 19648、GB/T 5009.146、NY/T 761 规定的方法测定（表 7-16）。

表 7-16　最大残留限量表

食品类别	名称	最大残留限量（毫克/千克）
蔬菜	韭菜	0.5
	结球甘蓝	0.5
	花椰菜	0.1
	菠菜	0.5
	普通白菜	0.5
	芹菜	0.5
	大白菜	0.5
	番茄	0.2
	茄子	0.2
	辣椒	0.2
	马铃薯	0.01
食用菌	蘑菇类（鲜）	0.3

4. 吡虫啉（imidacloprid）

主要用途：杀虫剂。ADI：0.06 毫克/千克。残留物：吡虫啉。检测方法：蔬菜按照 GB/T 23379 规定的方法测定（表 7-17）。

表 7-17　最大残留限量表

食品类别	名称	最大残留限量（毫克/千克）
蔬菜	韭菜	1
	结球甘蓝	1
	芹菜	5
	大白菜	0.2
	番茄	1
	茄子	1
	黄瓜	1
	节瓜	0.5
	萝卜	0.5

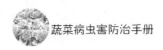

5. 氯虫苯甲酰胺 (chlorantraniliprole)

主要用途：杀虫剂。ADI：2 毫克/千克。残留物：氯虫苯甲酰胺（表 7-18）。

表 7-18 最大残留限量表

食品类别	名称	最大残留限量（毫克/千克）
蔬菜	芸薹类蔬菜（结球甘蓝、花椰菜除外）	2*
	结球甘蓝	2*
	花椰菜	2*
	叶菜类（芹菜除外）	20*
	芹菜	7*
	茄果类蔬菜	0.6*
	瓜类蔬菜	0.3*
	根茎类和薯芋类蔬菜	0.02*
	玉米笋	0.01*

注：* 该限量为临时限量。

6. 螺虫乙酯 (spirotetramat)

主要用途：杀虫剂。ADI：0.05 毫克/千克。残留物：螺虫乙酯及其烯醇类代谢产物之和，以螺虫乙酯表示（表 7-19）。

表 7-19 最大残留限量表

食品类别	名称	最大残留限量（毫克/千克）
蔬菜	洋葱	0.4*
	结球甘蓝	2*
	花椰菜	1*
	叶菜类蔬菜（芹菜除外）	7*
	芹菜	4*
	番茄	1*
	茄果类蔬菜（辣椒除外）	1*
	辣椒	2*
	瓜类蔬菜	0.2*
	豆类蔬菜	1.5*
	马铃薯	0.8*

注：* 该限量为临时限量。

7. 茚虫威（indoxacarb）

主要用途：杀虫剂。ADI：0.01 毫克/千克。残留物：茚虫威。检测方法：蔬菜按照 GB/T 20769 规定的方法测定（表 7-20）。

表 7-20　最大残留限量表

食品类别	名称	最大残留限量（毫克/千克）
蔬菜	结球甘蓝	3
	花椰菜	1
	芥蓝	2
	菠菜	3
	普通白菜	2

8. 辛硫磷（phoxim）

主要用途：杀虫剂。ADI：0.004 毫克/千克。残留物：辛硫磷。其最大残留限量见表 7-21。检测方法：蔬菜按照 GB/T 5009.102 规定的方法。

表 7-21　最大残留限量表

食品类别	名称	最大残留限量（毫克/千克）
蔬菜	鳞茎类蔬菜（大蒜除外）	0.05
	大蒜	0.1
	芸薹属类蔬菜（结球甘蓝除外）	0.05
	结球甘蓝	0.1
	叶菜类蔬菜（普通白菜除外）	0.05
	普通白菜	0.1
	茄果类蔬菜	0.05
	瓜类蔬菜	0.05
	豆类蔬菜（菜豆除外）	0.05
	菜豆	0.05
	茎类蔬菜	0.05
	根茎类和薯芋类蔬菜	0.05
	水生类蔬菜	0.05
	芽菜类蔬菜	0.05
	其他类蔬菜	0.05

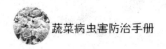

9. 甲基硫菌灵 （thiophanate-methyl）

主要用途：杀菌剂。ADI：0.08 毫克/千克。残留物：甲基硫菌灵和多菌灵之和，以多菌灵表示。检测方法：蔬菜按照 GB/T 20769 规定的方法测定（表 7-22）。

表 7-22　最大残留限量表

食品类别	名称	最大残留限量（毫克/千克）
蔬菜	番茄	3
	茄子	2
	辣椒	2
	甜椒	2
	黄秋葵	2
	芦笋	0.5

10. 多菌灵 （carbendazim）

主要用途：杀菌剂。ADI：0.03 毫克/千克。残留物：多菌灵。检测方法：蔬菜按照 GB/T 20769 规定的方法测定（表 7-23）。

表 7-23　最大残留限量表

食品类别	名称	最大残留限量（毫克/千克）
蔬菜	韭菜	2
	抱子甘蓝	0.5
	结球莴苣	5
	番茄	3
	辣椒	2
	黄瓜	0.5
	西葫芦	0.5
	菜豆	0.5
	食荚豌豆	0.02
	芦笋	0.1
	胡萝卜	0.2
	荔枝	0.5
	芒果	0.5
	坚果	0.1

11. 甲霜灵和精甲霜灵（metalaxyl 和 metalaxyl-M）

主要用途：杀菌剂。ADI：0.08 毫克/千克。残留物：甲霜灵。检测方法：蔬菜按照 GB/T 19648、GB/T 20769 规定的方法测定（表 7-24）。

表 7-24　最大残留限量表

食品类别	名称	最大残留限量（毫克/千克）
蔬菜	洋葱	2
	结球甘蓝	0.5
	抱子甘蓝	0.2
	花椰菜	2
	青花菜	0.5
	菠菜	2
	结球莴苣	2
	番茄	0.5
	辣椒	0.5
	黄瓜	0.5
	西葫芦	0.2
	笋瓜	0.2
	食荚豌豆	0.05
	芦笋	0.05
	胡萝卜	0.05
	马铃薯	0.05

12. 苯醚甲环唑（difenoconazole）

主要用途：杀菌剂。ADI：0.01 毫克/千克。残留物：苯醚甲环唑。检测方法：蔬菜、水果按照 SN/T 1975、GB/T 5009.218、GB/T 19648 规定的方法测定（表 7-25）。

表 7-25　最大残留限量表

食品类别	名称	最大残留限量（毫克/千克）
蔬菜	大蒜	0.2
	葱	0.3
	结球甘蓝	0.2
	抱子甘蓝	0.2
	青花菜	0.5
	花椰菜	0.2
	叶用莴苣	2
	结球莴苣	2
	大白菜	1
	番茄	0.5
	黄瓜	1
	食荚豌豆	0.7
	芦笋	0.03
	胡萝卜	0.2
	根芹菜	0.5
	马铃薯	0.02

13. 吡唑醚菌酯（pyraclostrobin）

主要用途：杀菌剂。ADI：0.03 毫克/千克。残留物：吡唑醚菌酯。检测方法：蔬菜、水果按照 GB 23200.8、GB/T 20769 规定的方法测定（表 7-26）。

表 7-26　最大残留限量表

食品类别	名称	最大残留限量（毫克/千克）
蔬菜	结球甘蓝	0.5
	大白菜	5
	黄瓜	0.5
	辣椒	0.5
	马铃薯	0.02
	西瓜	0.5
	甜瓜	0.5

14. 嘧菌酯（azoxystrobin）

主要用途：杀菌剂。ADI：0.2 毫克/千克。残留物：嘧菌酯。检测方法：蔬菜按照 GB/T 20769 规定的方法测定（表 7-27）。

表 7-27 最大残留限量表

食品类别	名称	最大残留限量（毫克/千克）
蔬菜	番茄	3
	黄瓜	0.5
	冬瓜	1
	马铃薯	0.1

15. 醚菌酯（kresoxim-methyl）

主要用途：杀菌剂。ADI：0.4 毫克/千克。残留物：醚菌酯。检测方法：蔬菜、水果按照 GB 23200.8、GB/T 20769 规定的方法测定（表 7-28）。

表 7-28 最大残留限量表

食品类别	名称	最大残留限量（毫克/千克）
蔬菜	黄瓜	0.5
	甜瓜	1

16. 戊唑醇（tebuconazole）

主要用途：杀菌剂。ADI：0.03 毫克/千克。残留物：戊唑醇。检测方法：蔬菜按照 GB/T 19648、GB/T 20769 规定的方法测定（表 7-29）。

表 7-29 最大残留限量表

食品类别	名称	最大残留限量（毫克/千克）
蔬菜	洋葱	0.1
	大蒜	0.1
	韭葱	0.7
	结球甘蓝	1

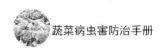

（续）

食品类别	名称	最大残留限量（毫克/千克）
	抱子甘蓝	0.3
	青花菜	0.2
	花椰菜	0.05
	结球莴苣	5
	茄子	0.1
蔬菜	甜椒	1
	黄瓜	1
	西葫芦	0.2
	朝鲜蓟	0.6
	胡萝卜	0.4
	玉米笋	0.6

17. 霜霉威和霜霉威盐酸盐（propamocarb 和 propamocarb hydrochloride）

主要用途：杀菌剂。ADI：0.4毫克/千克。残留物：霜霉威。检测方法：蔬菜按照 GB/T 20769、NY/T 1379 规定的方法测定（表7-30）。

表7-30　最大残留限量表

食品类别	名称	最大残留限量（毫克/千克）
	菊苣	2
	茄子	0.3
	甜椒	3
蔬菜	番茄	2
	瓜类蔬菜	5
	萝卜	1
	马铃薯	0.3

18. 嘧霉胺（pyrimethanil）

主要用途：杀菌剂。ADI：0.2毫克/千克。残留物：嘧霉胺。

检测方法：蔬菜按照 GB/T 19648、GB/T 20769 规定的方法测定（表7-31）。

表7-31 最大残留限量表

食品类别	名称	最大残留限量（毫克/千克）
蔬菜	洋葱	0.2
	葱	3
	结球莴苣	3
	番茄	1
	黄瓜	2
	菜豆	3
	胡萝卜	1
	马铃薯	0.05

19. 嘧菌酯、醚菌酯和吡唑醚菌酯的比较（表7-32）

表7-32 嘧菌酯、醚菌酯和吡唑醚菌酯的比较

性能	嘧菌酯	醚菌酯	吡唑醚菌酯
农药类别	甲氧基丙烯酸酯类杀菌剂	甲氧基丙烯酸酯类杀菌剂	甲氧基丙烯酸酯类杀菌剂
开发单位	嘧菌酯（阿米西达）先正达推出	醚菌酯（翠贝）巴斯夫公司推出	吡唑醚菌酯（凯润）巴斯夫公司推出
作用机理	保护、治疗、铲除的作用	保护、治疗、铲除的作用	保护、治疗、铲除的作用
作用特点	嘧菌酯渗透性更强一些	醚菌酯较另两个移动弱	吡唑醚菌酯活性高一些
抗药性	抗性较低	醚菌酯开发较早，抗性大	抗性较低，活性最高
内吸移动性	良好	移动性差一些	良好
药害	嘧菌酯乳油（上海青药害）	—	—

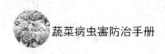

性能	嘧菌酯	醚菌酯	吡唑醚菌酯
杀菌谱	子囊菌、担子菌、半知菌和卵菌纲中的大部分病原菌有效	杀菌谱不如嘧菌酯广，但对白粉病等特效	相对抑菌活性最强。对子囊菌类、担子菌类、半知菌类及卵菌类等植物病原菌有显著的抗菌活性
防治病害	嘧菌酯在我国25种农作物上取得登记，用于防治33种病害。主要有番茄早疫病、晚疫病和叶霉病，黄瓜霜霉病、白粉病、黑星病和蔓枯病，辣椒炭疽病和疫病，马铃薯晚疫病、早疫病和黑痣病，西瓜炭疽病，丝瓜霜霉病、冬瓜霜霉病和炭疽病	醚菌酯在我国15种作物上取得登记，用于防治13种病害。主要有黄瓜、草莓白粉病，小麦白粉病和锈病，番茄早疫病	在我国23种作物上取得登记，用于防治25种病害。且在玉米和大豆上获得登记"植物健康作用"。黄瓜白粉病和霜霉病，白菜、西瓜炭疽病

第八章

有机蔬菜病虫害

一、有机蔬菜病虫害的防控策略

在有机蔬菜生产体系中，对病虫害的控制总体原则是"以防为主，以治为辅"的综合防治方针，在防治上采用农业的、物理的、生态的以及生物的防治方法。

（一）农业防治

（1）合理轮作　消灭害虫的中间寄生，控制某些害虫的爆发，土壤传播病害的发生。

（2）选用抗性品种　对种子进行非药剂处理；减少病害对作物的危害，减少种子病害的传播。

（3）加强田间管理　适度满足作物不同生育时期对肥水的需要，避免大肥大水；增加中耕除草次数和质量；排涝降渍，保证作物健壮的生长，增强抗病能力。

（4）适度调整蔬菜作物的移栽期和播种期　避开病、虫害高发期。

（5）合理稀植　增加通风透光，降低田间湿度，使个体生长良好，增强抗病能力，减缓病害的传播。

（6）冬耕冻垡、夏耕晒垡　或将虫卵、蛹冻死、晒死或造成虫害无寄主、无法生存。

（7）及时拔除病株、病叶、病枝、病果并及时处理　减少病源，减少传播；作物收获后及时清园，作物的残枝落叶集中沤制成

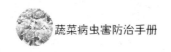

有机肥料。

（8）施用经过无害化处理的有机肥料　未腐熟的有机肥料禁止施用，未腐熟的有机肥中含有杂草种子、病菌以及害虫卵、蛹。

（9）人工捕捉　小地老虎、菜青虫、烟青虫等害虫都可以采用人工捕捉方式，收集后可以喂养家畜。

（10）种植驱避植物　例如种植薄荷、薰衣草等。

（11）种植引诱植物　例如万寿菊、孔雀草等。

（二）物理防治

（1）采用杀虫灯　消灭害虫的成虫。

（2）黄板诱杀　诱蚜、白板诱蓟马。

（3）高温（利用太阳能）、水淹等办法　消灭土壤中病菌与害虫卵、蛹、成虫。

（4）使用防虫网　使害虫无法进入，无法危害作物。

（5）使用石灰、苏打水等矿物源　物理防治作物病害。

（6）覆盖银灰膜　驱赶蚜虫。

（7）利用太阳紫外线杀种子表皮的有害菌。

（三）生态防治

（1）创造有利于天敌生存的植被条件　增强天敌的自然控制作用，这是有机蔬菜防治虫害的主要内容，积极保护天敌。例如：鸟类、青蛙、蝙蝠等，禁止人工捕捉，保护瓢虫、草蛉、赤眼蜂、丽蚜小蜂、捕食螨等有益生物。

（2）保护物种的多样性　恢复自然的生态链，起到自然平衡作用，有利于防止有害生物的暴发性危害。

（3）性诱剂　破坏害虫的性平衡，有效减少害虫的繁殖。

（四）生物防治

在上述措施全部实施后，仍会有病虫的危害，这时可以采用生物防治方法，生物防治方法就是采用植物源、动物源、矿物源、微生物源等植物保护产品来防治病虫害。

（1）植物和动物源　例如印楝树提取物，除虫菊科植物提取液、苦参碱、植物油、食醋、木醋、竹醋、牛奶、蘑菇（提取物）、大葱、大蒜、辣椒等植物、动物的浸出物或提取物。

（2）矿物源　石灰硫黄、波尔多液、高锰酸钾、铜盐、碳酸氢钠等物质。

（3）微生物　真菌及真菌制剂（如白僵菌、轮枝菌）。

（4）细菌及细菌制剂　如苏云金杆菌。

（5）病毒及病毒制剂　如颗粒体病毒等。

当然，生物防治的药品必须经过有机认证机构认证，方可使用。如果自己直接从植物或动物中提取也可以使用。经过以上措施的实施，病虫害的为害完全可以降到经济阈值的允许范围之内。

二、有机蔬菜病虫害的适用药剂

有机蔬菜使用的商品药剂必须符合国家相关的法律法规和农药安全使用准则，并且必须经过有机认证，自制的药剂应符合有机蔬菜生产的要求。药剂使用的前提是在采取一切可以预防有害生物的措施后，仍然无法将有害生物控制在经济阈值以下所采取的措施，不是简单地以生物农药替代化学农药的替代技术和替代物质，使用时必须遵守国家农药使用准则。

有机蔬菜生产过程中，禁止使用人工合成的除草剂、杀菌剂、杀虫剂、杀线虫剂、杀鼠剂、植物生长调节剂和含有有机合成的化学农药成分的动物源、植物源、矿物源、微生物源农药的复配制剂，禁止使用基因工程品种（产品）及制剂，不应使用具有致癌、致畸、致突变和神经毒性的物质作为助剂。认证的产品中不得检出有机生产中禁用的物质残留。

（一）动植物药剂

植物源农药一般用天然植物加工制成，此类农药优点：一般毒

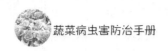

性较低，对人、畜安全，对植物无药害，有害生物不易产生耐药性；缺点：来源有限，药效低，用药量大，残效期短，品种单一。

（1）印楝素　印楝素（苦楝、印楝等提取物）是从印楝果实中提取的植物性杀虫剂。对害虫具有胃毒、触杀和拒食等作用，防治害虫范围广，对鳞翅目、同翅目、双翅耦、鞘翅目、缨翅目、膜翅目、直翅目、蜱螨目等 8 个目的 40 余种重要蔬菜害虫均有显著活性，既能防治菜粉蝶、甘蓝夜蛾、斜纹夜蛾、小菜蛾、黏虫、斑潜蝇、红蜘蛛、蚜虫等，又能防治真菌、细菌、线虫、病毒等多种病害。

（2）茼蒿素　茼蒿素是植物毒素类杀虫剂，对害虫具有胃毒和触杀作用，并可杀卵，持效期 1～5 天，对害虫的击倒速度较慢，可防治菜蚜、菜青虫、棉铃虫等。

（3）双素·碱水剂　双素·碱水剂采用药用植物，经过提炼配制的植物性杀虫剂。该药具有毒性低、对人畜、作物安全、使用方便等特点，对环境污染较小。该药对害虫具有触杀和胃毒作用，主要用于防治蔬菜蚜虫。

（4）天然除虫菊素　天然除虫菊素（除虫菊科植物提取液）是一种高效、广泛、普遍的活性杀虫成分，对菜青虫、斜纹夜蛾、甜菜夜蛾、蚜虫等防治效果好。

（5）鱼藤酮类　鱼藤酮类（如毛鱼藤）可防治菜粉蝶幼虫、小菜蛾和蚜虫等。

（6）苦参碱及氧化苦参碱　苦参碱及氧化苦参碱（苦参等提取物）苦参碱为天然植物源农药，可以麻痹害虫神经中枢，虫体蛋白质凝固，使害虫窒息而死。对人畜毒性低，对害虫具有触杀和胃毒作用，分别用于防治蔬菜地小地老虎，十字花科蔬菜菜青虫、小菜蛾以及蚜虫，韭蛆，红蜘蛛等。

（7）动植物油　动植物油包括橄榄油、茶树油、花生油、芝麻油、豆油、薄荷油、松树油等。2009 年，杜学林将棉籽油、豆油、花生油、玉米油、芝麻油和葵花油 6 种植物油乳油稀释至一定浓度，对黄瓜白粉病表现出较好的防治效果。因动植物油可能会烧伤植物，使用时要注意用量。

（8）牛奶　牛奶本身含有的歧化酶和独特的单糖结构可有效地控制黄瓜、南瓜、番茄等蔬菜的霜霉病和白粉病。

（9）蛇床子素　蛇床子素（蛇床子提取物，杀虫、杀菌剂）具有杀虫和杀菌活性成分的一种纯植物源低毒杀虫、杀菌剂。对害虫以触杀作用为主，胃毒作用为辅。不但对多种鳞翅目害虫（菜青虫、棉铃虫、甜菜夜蛾）、同翅目害虫（蚜虫）有良好的防治效果；而且可防治各种蔬菜白粉病、霜霉病等病害。

（10）竹醋液　竹醋液是一种土壤调理剂。具有防病驱虫，增加糖度、维生素含量，改善果型，提高农产品品质，促进生根，促进生长，改良土壤等作用。

（11）木醋液　木醋液是从自然植物中萃取的一种有机植物营养液，具有杀菌、治虫抗病、提高水和土壤中有益微生物活性、促进作物生长等作用。

（12）其他　其他小檗碱（黄连、黄柏等提取物，杀菌剂）、大黄素甲醚（大黄等提取物，杀菌剂）、天然诱集和杀线虫剂（如万寿菊、孔雀草、芥子油）、天然酸、菇类蛋白多糖（蘑菇的提取物）、水解蛋白质（引诱剂）、蜂蜡、蜂胶（杀菌剂）、明胶（杀虫剂）、卵磷脂（杀真菌剂）、具有驱避作用的植物提取物（大蒜、薄荷、辣椒、花椒、薰衣草、柴胡、艾草的提取物）。

（13）用蔬菜等植物植株体　用蔬菜等植物植株体防治害虫有些蔬菜的茎叶及果实可以配成杀虫剂有很好的防治效果。

①黄瓜蔓。防治菜青虫和菜螟。②苦瓜叶。防治地老虎有特效。③丝瓜果实。可以有效防治菜青虫、红蜘蛛、蚜虫及菜螟等害虫。④辣椒。高温时喷施效果更佳。⑤番茄对蚜虫有抑制作用。

（14）用木本植株体防治虫害　木本植株体防治害虫的有：①苦楝树。可有效防治蚜虫、烟粉虱、小菜蛾、夜蛾等害虫。②泡桐叶。可诱杀地老虎。③柑橘皮。可有效杀死蚜虫。④曼陀罗。可有效防治蚜虫、菜青虫、食心虫等多种害虫。⑤夹竹桃。可有效防

治蚜虫和粉虱。

（15）绿叶诱集蜗牛　瓜菜生长期间遇阴雨天气，常遭蜗牛为害。7月为害最重。如在瓜菜出苗前，将割来的鲜草、树叶置于蔬菜植物行株间，蜗牛便会聚集于鲜草、绿叶上，次日清晨人工收集压碎即可。

（16）茶枯饼　茶枯饼能够有效防治地老虎、线虫等。

（二）矿物药剂

矿物来源的药剂中的有效成分起源于矿物的无机化合物。可有限制地使用铜盐，如硫酸铜、碱式硫酸铜、氢氧化铜、络氨铜、王铜（氯氧化铜）、辛酸铜等，防治蔬菜早疫病等。有限制地使用，防止过量施用而引起铜的污染。

（1）碱式硫酸铜　碱式硫酸铜为保护性杀菌剂，能牢固地黏附在植物表面形成一层保护膜，抑制真菌孢子萌发和菌丝发育。

（2）氢氧化铜　氢氧化铜（可杀得）是一种极细微的可湿性粉剂，主要成分是氢氧化铜，靠释放出铜离子与真菌或细菌体内蛋白质中的$-SH$、$-N_2H$、$-COOH$、$-OH$等基因起作用，导致病菌死亡。77％可杀得可湿性粉剂，常用于防治番茄早疫病、黄瓜角斑病等。

（3）王铜　王铜为无机铜保护性杀菌剂，喷到作物上后能黏附在作物表面，形成一层保护膜，不易被雨水冲刷。在一定湿度条件下，释放出铜离子，起杀菌防病作用。可用于防治姜眼斑病、芋污斑病、蕹菜炭疽病、莴苣腐败病、软腐病，叶斑病等。

（4）硫黄　硫黄是一种保护性无机硫杀菌剂，具有杀菌和杀螨作用，对瓜类白粉病有良好的防效。

（5）石硫合剂　石硫合剂是用生石灰、硫黄加水煮制而成的，它具有杀菌和杀螨作用。石硫合剂具碱性，有侵蚀昆虫表皮蜡质层的作用，因此对具有较厚蜡质层的介壳虫和一些螨卵有较好的防效。

（6）波尔多液　波尔多液为广谱无机杀菌剂，其配制比例为硫酸铜：生石灰：水＝1：1：200，连喷 2～3 次，可防治真菌性病害，每年每亩铜最大用量不超过 6 千克。

（7）高锰酸钾 高锰酸钾预防病害。能有效防治茄果类蔬菜幼苗的猝倒病。

（8）食盐和石灰合剂 食盐和石灰合剂可有效防治蚜虫。

（三）微生物药剂

1. 利用微生物及其代谢产物

通过微生物发酵工业生产，对植物无药害，对环境影响小，对有害生物不易产生耐药性。

（1）真菌及真菌提取物 如白僵菌、木霉菌等。白僵菌目前也大面积用于蔬菜鳞翅目害虫的防治。木霉菌是自然界广泛分布的生防真菌，主要用于防治各类植物的土传病害，以及部分叶部和穗部病害，对灰霉菌、镰刀菌、丝核菌及轮枝菌等引起的多种植物土传病害均有防效。还具有促进植物生长、提高营养利用效率、增强植物抗逆和对农化环境污染进行修复等功能。

（2）细菌及细菌提取物 如苏云金芽孢杆菌等。苏云金杆菌制剂是世界上用途最广，产量最大，应用最成功的生物农药。具有使用安全、不伤害天敌、不易产生耐药性、防效高、不污染环境、无残毒等特点，在有机蔬菜基地广泛应用于菜青虫、小菜蛾、玉米螟、棉铃虫、甜菜夜蛾等鳞翅目害虫幼虫的防治。

（3）病毒及病毒提取物 有质型多角体病毒、核型多角体病毒两类。如甜菜夜蛾核型多角体病毒、银纹夜蛾多角体病毒、小菜蛾颗粒体病毒和棉铃虫核型多角体病毒，用于防治菜青虫、斜纹夜蛾、棉铃虫等。对人、畜无毒，不伤害天敌，不污染环境，长期使用，棉铃虫、烟青虫不会产生抗性。

（4）农用抗生素 经专门机构批准，允许有限度地使用农用抗生素，如春雷霉素、多抗霉素、井冈霉素、阿维菌素等。

①浏阳霉素。浏阳霉素是灰色链霉菌浏阳变种提炼成的一种抗生素杀螨剂，是一种高效、低毒杀虫、杀螨剂，对蔬菜作物的叶螨

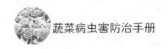

有良好的触杀作用，对螨卵有一定的抑制作用。

②阿维菌素。阿维菌素是一种全新的抗生素类生物杀虫杀螨剂，该药对害虫、害螨的致死速度较慢，但杀虫谱广，持效期长，杀虫效果极好，对抗性害虫有特效，并对作物、人畜安全，可防治菜青虫、小菜蛾、螨类等。

2. 其他药剂

二氧化碳（杀虫剂，用于贮藏设施）、乙醇（杀菌剂）、海盐和盐水（杀菌剂，仅用于种子处理，尤其是稻谷种子）、明矾（杀菌剂）、软皂（钾肥皂）、乙烯（抑制马铃薯和洋葱萌发）、石英砂（杀真菌剂、杀螨剂、驱避剂）、昆虫性外激素（仅霸于诱捕器和散发皿内）、磷酸氢二铵（引诱剂，只限于诱捕器中使用）。

3. 诱捕器、屏障

物理措施（如银灰膜、杀虫灯等色彩诱器、机械诱捕器）、覆盖物（地膜、大中小棚膜、遮阳网、防虫网）、四聚乙醛制剂（驱避高等动物）、小菜蛾性诱剂。

（四）利用天敌

包括天敌的保护、繁殖和释放，重点是天敌的保护和利用，必要时可以购买商品化的天敌如赤眼蜂、捕食螨等。

1. 天敌自然保护技术

（1）提供和保护栖息环境　天敌昆虫的栖境包括越冬、产卵和躲避不良环境条件等生活场所。如草蛉几乎可以取食所有作物上的蚜虫及多种鳞翅目昆虫的卵和初孵幼虫，且某些革蛉（大草蛉）成虫喜栖于高大植物。因此，多样性的作物布局或成片种植乔木和灌木可有效地招引草蛉，为其提供栖息场所。越冬瓢虫的保护是扩大瓢虫来源的重要措施，它是在自然利用瓢虫的基础上发展起来的。

（2）提供食物　捕食性昆虫可以随着环境变化选择它们的捕食对象，捕食量也会因为其体型、种群数量和营养质量、对猎物捕食的难易程度与捕食者的搜索力，与猎物种群大小、空间分布型和生境内空间障碍等因素有关。

（3）环境条件　提供良好的生态条件，不仅有利于天敌的栖息、取食和繁殖，同时也有利于躲避不良的环境条件，如人类的田间活动、喷洒农药等。许多天敌的耐寒性差，在严冬或春季寒流来临时死亡率较高。为了保证来年有较高的天敌虫源基数，就需采取一些直接保护措施。例如许多取食蚜虫的瓢虫（异色瓢虫、七星瓢虫等），常在洞、缝隙等处越冬，冬季来临时死亡率较高。可以通过人工收集的方式收集起来置于暖处或地窖内越冬，待来年春暖后释放于田中；或在秋末于菜园内挖坑堆草供蜘蛛、瓢虫、步甲等天敌栖息越冬。

2. 天敌增殖技术

天敌的增殖包括天敌自然增殖、天敌招引和天敌诱集等技术。

（1）天敌自然增殖　植被多样化是增殖自然界天敌的基础，其目的是建立栽培作物、有害生物和天敌的依存关系，建立动态平衡，达到自然控制的目的。一方面为天敌昆虫提供适宜的环境条件，可以使其种群最大限度的增长和繁衍；得到另一方面为天敌昆虫提供了丰富的食物，有利于其卵巢发育并提高产卵量或寄生率。

（2）天敌招引

①天敌巢箱。利用招引箱，在瓢虫越冬前招引大量瓢虫入箱越冬，可保护瓢虫的安全越冬。

②蜜源诱集。许多天敌昆虫需补充营养，在缺少捕食对象时，花粉和花蜜是过渡性食物，因此在田边适当种一些蜜源植物，能够引诱天敌，提高其寄生能力。

③以害繁益。利用伴生植物上生长的害虫，为栽培作物上的天敌提供大量食物，使天敌与害虫同步发展，达到以害繁益、以益灭害的效果。

④改善天敌的生存环境。利用伴生植物改变田间小气候，创造有利于天敌活动、不利于害虫发生的环境条件，也能起到防治害虫的作用。

（3）天敌诱集技术　天敌的保护、增殖技术对增加天敌的数量、调节益害比具有重要作用，但是，这些措施大部分局限在被动

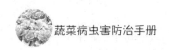

地利用天敌，以发挥天敌的自然调节作用为主。喷洒人工合成的蜜露可以主动诱集天敌，研究证明食性昆虫的寄生性和捕食性天敌，是通过植食性昆虫的寄主植物某些理化特征来寻找它们的寄主和捕食对象，所以可以利用植物特性吸引天敌寻找猎物。

（4）人工助迁　天敌菜园周围的路边或其他场所的杂草如小飞蓬、艾等植物上因蚜虫发生量大，招引了大量天敌，如瓢虫、草蛉、小花蝽等。可以将这些天敌采集起来，置于容器内，然后再释放于菜园，以控制蚜虫等害虫。

3. 天敌释放技术

在害虫生活史中的关键时期，有计划地释放适当数量饲养的昆虫天敌自然控制的作用，从而限制害虫种群的发展。可以利用商品化天敌赤眼蜂和捕食螨来达到限制害虫种群的目的。

三、轮作防治有机蔬菜病虫害

轮作是在同一块土地上，按一定的年限，轮换栽种几种性质不同的作物，统称"换茬"或"倒茬"。

1. 轮作的优点

轮作是合理利用土壤肥力，减轻病虫害的有效措施，也是提高劳动生产率和设备利用率的重要措施。轮作防治病虫的主要原理是利用寄生与非寄生作物的交替，切断了那些离开寄生作物便不能长期存活的专性寄生病虫的食物链，使之饥饿致死。

2. 轮作的原则

（1）根系深浅不同互相轮作　吸收不同深度的土壤养分。

（2）避免将同科蔬菜连作　每年调换种植管理性质不同的蔬菜，使病虫失去寄主或改变生活条件，达到减轻或消灭病虫害的目的。据农民经验，在葱蒜类后种植大白菜可以减轻软腐病。

（3）改良土壤结构　在轮作制度中适当配合豆科、禾本科蔬菜的轮作，增加有机质，以改良土壤团粒结构，提高肥力。

（4）注意不同蔬菜对土壤酸碱度的要求　甘蓝、马铃薯等种植后，能增加土壤酸度，而玉米、南瓜、菜苜蓿等种植后，能降低土壤酸度。故对土壤酸度敏感的洋葱等作为玉米、南瓜后茬作物可获得较高的产量，作为甘蓝的后茬作物则减产。豆类的根瘤菌给土壤遗留较多的有机酸，连作常致减产。

（5）考虑前茬作物对杂草的抑制作用　前后茬作物配置时，要注意到前茬作物对杂草的抑制作用，为后茬作物创造有利的生产条件。

3. 轮作的方法

根据以上原则，各种蔬菜轮作的年限依蔬菜种类、病情而长短不一。

（1）一年二熟地区三区轮作第一年茄果类（含马铃薯）、白菜类；第二年瓜类、根菜类；第三年豆类、绿叶菜类。

（2）一年二熟地区四区轮作第一年茄果类（含马铃薯）、白菜类；第二年瓜类、根菜类；第三年豆类、绿叶菜类；第四年白菜类、葱蒜类。

（3）一年三熟地区三区轮作第一年绿叶菜类、茄果类（含马铃薯）、白菜类；第二年葱蒜类、瓜类、根菜类；第三年白菜类、豆类、葱蒜类。

（4）一年三熟地区四区轮作第一年绿叶菜类、茄果类（含马铃薯）、白菜类；第二年葱蒜类、瓜类、绿叶菜类；第三年白菜类、豆类、根菜类；第四年绿叶菜类、白菜类、葱蒜类。

豆科作物有利于土壤肥力的恢复，因此实施包括豆科作物在内的轮作在我国的有机蔬菜生产中是很有必要的。

四、有机蔬菜病虫害防治实例

（一）叶菜类蔬菜病虫害

叶菜类：生菜（结球莴苣、散叶莴苣）、白菜、大白菜、芥蓝、甘蓝、菠菜、苋菜、茼蒿、蕹菜、芹菜、芫荽（香菜）、紫背天葵等50～60种。

（1）烟粉虱　①塑料棚外四周种植薄荷等香料蔬菜。具有忌避害虫作用，塑料棚通风口覆盖防虫网防止成虫迁入。②黄色粘虫板诱捕成虫。③塑料棚和露地蔬菜可用植物性安全制剂—除虫菊素（三保奇花）、苦参碱喷雾。

（2）黄曲条跳甲　①土地休闲期全田灌水。杀灭土壤中幼虫。②塑料棚四周底部覆盖裙膜。若开成通风口则要覆盖防虫网，防止成虫从外部迁入。③清源保、苦参碱喷雾。

（3）小菜蛾　①小菜蛾性信息素诱捕和干扰成虫交配产卵。②植物性安全制剂喷雾。③覆盖防虫网，防止害虫迁入。

（4）菜青虫　①塑料棚、温室和部分露地菜田覆盖防虫网，防止害虫迁入；②植物性安全制剂喷雾。

（5）甜菜夜蛾　①甜菜夜蛾性信息素诱捕。②植物性安全制剂喷雾。③覆盖防虫网，防止害虫迁入。

（6）蚜虫　①塑料棚、温室通风口覆盖防虫网，防止有翅蚜迁入。②黄色粘虫板诱捕有翅蚜虫。③塑料棚和露地蔬菜可用植物性安全制剂—除虫菊素（三保奇花）、苦参碱喷雾。

（7）短额负蝗　①塑料棚四周底部覆盖裙膜。若为通风口则要覆盖防虫网，防止害虫从外部迁入。②结合农事作业，人工灭虫。

（8）病毒病　①加强水肥管理。②及时防治蚜虫（传播病毒媒介）。

（9）莴苣软腐病　①轮作倒茬。②前茬蔬菜收获后清洁田园。深翻施肥和晒土2周，杀灭土壤中病原细菌。

（10）根腐病　①夏季耕翻土地高温闷棚7天以上。利用太阳能杀死土壤病菌。②拔除病株。

（11）叶斑病　植物性安全制剂—清源保喷雾。

（二）有机瓜果类蔬菜病虫害

果菜类：黄瓜、番茄、甜（辣）椒、草莓等。

（1）烟粉虱　①塑料棚外四周种植薄荷等香料蔬菜。具有忌避害虫作用，塑料棚通风口覆盖防虫网防止成虫迁入。②黄色粘虫板诱捕成虫。③塑料棚和露地蔬菜可用植物性安全制剂—除虫菊素（三保奇花）、苦参碱喷雾。

（2）温室粉虱 ①塑料棚外四周种植薄荷等香料蔬菜。具有忌避害虫作用，塑料棚通风口覆盖防虫网防止成虫迁入。②黄色粘虫板诱捕成虫。③塑料棚和露地蔬菜可用植物性安全制剂1.5％除虫菊素、苦参碱喷雾。

（3）蚜虫 ①塑料棚、温室通风口覆盖防虫网。防止有翅蚜迁入。②黄色粘虫板诱捕有翅蚜虫。③可用植物性安全制剂1.5％除虫菊素水乳剂、百草1号喷雾。

（4）美洲斑潜蝇 ①塑料棚、温室通风口覆盖防虫网。防止有翅蚜迁入。②黄色粘虫板诱捕有翅蚜虫。③用植物性安全制剂1.5％除虫菊素水乳剂、百草1号喷雾。

（5）棉铃虫 ①塑料棚、温室通风口覆盖防虫网。防止成虫迁入。②结合田间农事作业人工灭卵、捕捉幼虫和摘除虫果。

（6）病毒病 ①选用抗（耐）病品种。②加强水肥管理。③及时防治蚜虫（传播病毒媒介）。

（7）灰霉病 ①塑料棚、温室黄瓜适当稀植，畦面覆盖地膜和滴灌浇水，适时通风，有利降低相对湿度，抑制病害发生。②发病后及时摘除病果。③2％武夷菌素水剂适宜浓度喷雾。

（8）番茄叶霉病 ①选用抗（耐）病品种。②塑料棚、温室黄瓜适当稀植，畦面覆盖地膜和滴灌浇水，适时通风，有利降低相对湿度，抑制病害发生。③2％武夷菌素水剂适宜浓度喷雾。

（9）黄瓜霜霉病 ①选用抗（耐）病品种。②塑料棚、温室黄瓜适当稀植，畦面覆盖地膜和滴灌浇水，有利降低相对湿度，抑制病害发生。③适时通风，调节温度和湿度，尽可能避免适宜病害发生的条件（温度18～25℃，叶面结露）。④植物性安全制剂—清源保喷雾。

（10）黄瓜白粉病 ①2％武夷菌素水剂适宜浓度喷雾。②用电热发生器进行硫黄熏蒸。

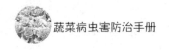

（三）有机多年生蔬菜病虫害

多年生蔬菜：紫芦笋。

（1）茎枯病　①秋冬季清理田园。夏季防止田间积水。②秋季鳞茎盘喷施适宜浓度的高锰酸钾溶液。③生长季节病株喷施清源保；使用铜制剂。

（2）根腐病　①清除病株。②喷洒清源保。

（3）褐斑病　①清洁田园，减少菌源。②清源保喷雾。

（4）黄地老虎　①人工捕捉幼虫。②黑光灯诱捕成虫。③堆青草草诱捕幼虫。

（5）蛴螬（金龟子幼虫）　①人工捕捉幼虫。②黑光灯诱捕成虫。

第九章
叶面肥和植物生长调节剂

一、叶面肥的定义

叶面肥是以叶面吸收为目的,将作物所需养分直接施用叶面的肥料。叶面肥是营养元素施用于农作物叶片表面,通过叶片的吸收而发挥其功能的一种肥料类型。化肥中尿素类物质对表皮细胞的角质层有软化作用,可以加速其他营养物质的渗入,所以尿素成为叶面肥重要的组成成分。

叶面肥又不同于植物生长调节剂,也称为植物营养剂、植物复合液肥等,它是把氮、磷、钾、铁、锌、锰、硼、铜等大量或微量元素集中在一起制成的一类营养物质,大多是作物根系吸收水肥不良时作叶面喷肥以补充养分,促进作物生长发育。但是对土壤肥力高的地区以及不缺这些元素的地区或作物上,其增产效果即不太明显。

二、叶面肥的种类

叶面肥的种类繁多,根据其作用和功能等可把叶面肥概括为以下四大类:

(1) 营养型叶面肥 此类叶面肥中氮、磷、钾及微量元素等养分含量较高,主要功能是为作物提供各种营养元素,改善作物的营养状况,尤其是适宜于作物生长后期各种营养的补充。

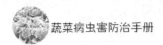

（2）调节型叶面肥　此类叶面肥中含有调节植物生长的物质，如生长素、激素类等成分，主要功能是调控作物的生长发育等。适于植物生长前期、中期使用。

（3）生物型叶面肥　此类肥料中含微生物体及代谢物，如氨基酸、核苷酸、核酸类物质。主要功能是刺激作物生长，促进作物代谢，减轻和防止病虫害的发生等。

（4）复合型叶面肥　此类叶面肥种类繁多，复合混合形式多样。其功能有多种，一种叶面肥既可提供营养，又可刺激生长调控发育。

三、叶面肥特征特性

（1）补充根部施肥的不足　当作物出现根部施肥不便时，如在作物生长后期，根系活力衰退，吸肥能力降低；或者当土壤环境对作物生长不利时，如水分过多、干旱、土壤过酸、过碱，造成作物根系吸收受阻，而作物又需要迅速恢复生长，如果以根施方法不能及时满足作物需要时，只有采取叶面喷施，才能迅速补充营养，满足作物生长发育的需要。

（2）迅速补充营养　在作物生长过程中，作物已经表现出某些营养元素缺乏症，由于采用土壤施肥需要一定的时间，养分才能被作物吸收，不能及时缓解作物的缺素症状。这时采用叶面施肥，则能使养分迅速通过叶片进入植物体，解决缺素的问题。

（3）充分发挥肥效　某些肥料如磷、铁、锰、铜、锌肥等，如果作根施，易被土壤固定，影响施用效果，而采用叶面喷施就不会受土壤条件的限制。又如，一些果树和其他深根系作物某些营养元素吸收量比较少，如果采用传统的施肥方法难以施到根系吸收部位，也不能充分发挥其肥效，而叶面喷施则可取得较好的效果。

（4）经济合算　各种微量元素是作物生长发育过程中必不可少的营养物质，但施用量很少，例如钼肥，每亩施用量仅几十克，如果以根施方法则不易施匀。只有采取叶面喷施，才能达到经济有效。根据研究测算，一般作物在叶面喷施硼肥，对硼的利用率是基施的 8.18 倍。从经济效益上看，叶面喷施比根施要合算。

(5) 减轻对土壤的污染 对土壤大量施用氮肥，容易造成地下水和蔬菜中硝酸盐的积累，对人体健康造成危害。人类吸收的硝酸盐约有 75% 来自蔬菜，如果采取叶面施肥的方法，适当地减少土壤施肥量，能减少植物体内硝酸盐含量和土壤中残余矿质氮素。在盐渍化土壤上，土壤施肥可能使土壤溶液浓度增加，加重土壤的盐渍化。采取叶面施肥措施，既节省了施肥量，又减轻了土壤和水源的污染，是一举两得的有效施肥技术。

四、叶面施肥的优点

近年来随着施肥技术的发展，叶面施肥作为强化作物的营养和防止某些缺素病状的一种施肥措施，已经得到迅速推广和应用。实践证明，叶面施肥是具有肥效迅速、肥料利用率高、用量少的施肥技术之一。

(1) 吸收快 土壤施肥后，各种营养元素首先被土壤吸附，有的肥料还必须在土壤中经过一个转化过程，然后通过离子交换或扩散作用被作物根系吸收，通过根、茎的维管束，再到达叶片。养分输送距离远，速度慢。采用叶面施肥，各种养分能够很快地被作物叶片吸收，直接从叶片进入植物体，参与作物的新陈代谢。因此，其速度和效果都比土壤施肥的作用来得快。据研究，叶片吸肥的速度要比根部吸肥的速度要快 1 倍左右。

(2) 作用强 叶面施肥由于养分直接由叶品进入作物体，吸收速度快，可在短时间内使作物体内的营养元素大大增加，迅速缓解作物的缺肥状况，发挥肥料最大的效益。通过叶面施肥能够有力地促进作物体内各种生理过程的进展，显著提高光合作用强度，提高酶的活性，促进有机物的合成、转化和运输，有利于干物质的积累，可提高产量，改善品质。

(3) 用量省 叶面施肥一般用量较少，特别是对于硼、锰、

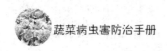

钼、铁等微量元素肥料，采用根部施肥通常需要较大的用量，才能满足作物的需要。而叶面施肥集中喷施在作物叶片上，通常用土壤施肥的几分之一或十几分之一的用量就可以达到满意的效果。

（4）效率高　叶面喷施肥料具有肥效快、利用率高、效果显著、简便易行等优点，越来越受到农民的喜爱。

五、叶面肥和植物生长调节剂

作物叶面喷肥（根外追肥）可快速补充养分，解除作物因缺乏营养元素出现的各种生理病害，促进作物健壮生长，增加产量与提高品质。植物生长调节剂是农药，在使用技术上有严格的要求，如使用时期、用量、使用方法等。

1. 叶面肥及使用浓度

（1）磷酸二氢钾　常用浓度 0.3%。方法：用 300 克磷酸二氢钾加水 100 千克，充分溶解后喷雾。

（2）尿素　常用浓度 1%～2%。使用时千万注意，尿素中缩二脲的含量如超过 1.5%就对作物有毒害作用。

（3）草木灰　常用浓度 5%～7%。必须用于草木灰加水配制，加水静置 15 小时过滤后喷施。

（4）过磷酸钙　常用浓度 2%，把过磷酸钙加水后充分搅拌，再静置 24 小时过滤后，取清液喷施。

（5）硼肥　常用浓度 0.2%～0.3%。方法：先用少量 45℃热水溶化硼砂，再兑水稀释。

（6）多效唑　果树用 1 000～1 500 毫克/千克溶液喷施，农作物用 50 毫克/千克溶液喷施。

（7）硫酸铜　常用浓度 0.02%～0.05%。用时在溶液中加入少量石灰液，能免除毒害。

（8）硫酸锰　常用浓度为 0.05%～0.1%。

（9）硫酸锌　常用浓度为 0.1%～0.2%，在溶液中加入少量石灰液后喷施。

2. 植物生长调节剂

植物生长调节剂是农药，在使用技术上有严格的要求，如使用时期、用量、使用方法等。植物生长调节剂的效果比较明显，且稳定，较少受环境条件的影响，因此推广应用快，易被用户接受。它是人工合成的具有植物天然激素活性的一类有机化合物。根据其对作物的不同调节作用，可分两类：

（1）促生长的　如 DA-6、5-硝基愈创木酚钠、赤霉素、802、乙烯利、快速生长剂等。

（2）抑制生长的　如多效唑、矮壮素、缩节胺等。植物生长调节剂是一类与植物激素具有相似生理和生物学效应的物质。已发现具有调控植物生长和发育功能物质有生长素、赤霉素、乙烯、细胞分裂素、脱落酸、油菜素内酯、水杨酸、茉莉酸和多胺等。

3. 植物生长调节剂作用特点

（1）作用面广，应用领域多　植物生长调节剂可适用于几乎包含了种植业中的所有高等和低等植物，如大田作物、蔬菜、果树、花卉、林木、海带、紫菜、食用菌等，并通过调控植物的光合、呼吸、物质吸收与运转、信号转导、气孔开闭、渗透调节、蒸腾等生理过程的调节而控制植物的生长和发育，改善植物与环境的互作关系，增强作物的抗逆能力，提高作物的产量，改进农产品品质，使作物农艺性状表达按人们所需求的方向发展。

（2）用量小、速度快、效益高、残毒少

（3）可对植物的外部性状与内部生理过程进行双调控

（4）针对性强，专业性强　可解决一些其他手段难以解决的问题，如形成无籽果实、防治大风、控制株型、促进插条生根、果实成熟和着色、抑制腋芽生长、促进棉叶脱落。

（5）植物生长调节剂的使用效果受多种因素的影响　气候条件、施药时间、用药量、施药方法、施药部位以及作物本身的吸收、运转、整合和代谢等都将影响到其作用效果。

附录 食品中农药最大残留限量制定指南

（发布单位：食品药品监管局）

为保证农药最大残留限量制定科学、规范、合理，依据《中华人民共和国食品安全法》《中华人民共和国农产品质量安全法》《农药管理条例》《农药登记资料规定》，特制定本指南。

食品（包括食用农产品）中农药最大残留限量制定是指根据农药使用的良好农业规范（GAP）和规范农药残留试验，推荐农药最大残留水平，参考农药残留风险评估结果，推荐最大残留限量（MRL）。

本指南用于指导我国食品中农药最大残留限量的制修订。

一、一般程序

（一）确定规范残留试验中值（STMR）和最高残留值（HR）

按照《农药登记资料规定》和《农药残留试验准则》（NY/T 788）要求，在农药使用的良好农业规范（GAP）条件下进行规范残留试验，根据残留试验结果，确定规范残留试验中值（STMR）和最高残留值（HR）。

（二）确定每日允许摄入量（ADI）和/或急性参考剂量（ARfD）

根据毒物代谢动力学和毒理学评价结果，制定每日允许摄入量。对于有急性毒性作用的农药，制定急性参考剂量。

（三）推荐农药最大残留限量（MRL）

根据规范残留试验数据，确定最大残留水平，依据我国膳食消费数据，计算国家估算每日摄入量，或短期膳食摄入量，进行膳食摄入风险评估，推荐食品安全国家标准农药最大残留限量（MRL）。

推荐的最大残留限量，低于 10 毫克/千克的保留一位有效数字，高于 10 毫克/千克，低于 99 毫克/千克的保留两位有效数字，高于 100 毫克/千克的用 10 的倍数表示，最大残留限量通常设置为 0.01、0.02、0.03、0.05、0.07、0.1、0.2、0.3、0.5、0.7、1、2、3、5、7、10、15、20、25、30、40 和 50 毫克/千克。

依据《用于农药残留限量标准制定的作物分类》，可制定适用于同组作物上的最大残留限量。

二、再评估

发生以下情况时，应对制定的农药最大残留限量进行再评估：
（一）批准农药的良好农业规范（GAP）变化较大时
（二）毒理学研究证明有新的潜在风险时
（三）残留试验数据监测数据显示有新的摄入风险时
（四）农药残留标准审评委员会认定的其他情况
再评估应遵从农药最大残留限量标准制定程序进行。

三、周期评估

为保证农药最大残留限量的时效性和有效性，实行农药最大残留限量周期评估制度，评估周期为 15 年，临时限量和再残留限量的评估周期为 5 年。

四、特殊情况

（一）临时限量

当下述情形发生时，可以制定临时限量标准：

1. 每日允许摄入量是临时值时。

2. 没有完善或可靠的膳食数据时。

3. 没有符合要求的残留检验方法标准时。

4. 农药或农药/作物组合在我国没有登记，当存在国际贸易和进口检验需求时。

5. 在紧急情况下，农药被批准在未登记作物上使用时，制定紧急限量标准，并对其适用范围和时间进行限定。

6. 其他资料不完全满足评估程序要求时。

临时限量标准的制定应参照农药最大残留限量标准制定程序进行。当获得新的数据时，应及时进行修订。

（二）再残留限量

对已经禁止使用且不易降解的农药，因在环境中长期稳定存在而引起在作物上的残留，需要制定再残留限量（EMRL）。再残留限量是通过实施国家监测计划获得的残留数据进行风险评估制修订的。

（三）豁免残留限量

当存在下述情形时，豁免制定残留限量：

（1）当农药毒性很低，按照标签规定使用后，食品中农药残留不会对健康产生不可接受风险时。

（2）当农药的使用仅带来微小的膳食摄入风险时。

豁免制定残留限量的农药需要根据具体农药的毒性和使用方法逐个进行风险评估确定。

（四）香料/调味品产品中最大残留限量

在没有规范残留试验数据的条件下，可以使用监测数据，但需要提供详细的种植和生产情况以及足够的监测数据，制定程序参照农药最大残留限量标准制定。

五、术语

（1）农药使用的良好农业规范 Good Agricultural Practice （GAP）for pesticide application　农药使用的良好农业规范是指农药登记批准的农药使用方法、使用范围、使用剂量、使用次数和安全间隔期等。

（2）规范残留试验 Supervised Field Trials　是指在良好农业规范（GAP）和良好实验室规范（GLP）或相似条件下，为获取推荐使用的农药在可食用（或饲用）初级农产品和土壤中可能的最高残留值，以及这些农药在农产品、土壤（或水）中的消解动态而进行的试验。

（3）最大残留限量 Maximum Residue Limit（MRL）　是在食品或农产品内部或表面法定允许的农药最大浓度，以每千克食品或农产品中农药残留的毫克数表示（毫克/千克）。

（4）再残留限量（EMRL）　一些持久性农药虽然已禁用，但还长期存在环境中，从而再次在食品中形成残留，为控制这类农药残留物对食品的污染而制定其在食品中的残留限量，以每千克食品或农产品中农药残留的毫克数表示（毫克/千克）。

（5）每日允许摄入量 Acceptable Daily Intake（ADI）　人类终生每日摄入某物质，而不产生可检测到的危害健康的估计量，以每千克体重可摄入的量表示（毫克/千克）。

（6）急性参考剂量 Acute Reference Dose（ARfD）　人类在24 小时或更短时间内，通过膳食或饮水摄入某物质，而不产生可检测到的危害健康的估计量，以每千克体重可摄入的量表示（毫克/

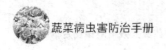

千克)。

(7) 风险评估 Risk Assessment 是指对人类由于接触危险物质而对健康具有已知或可能的严重不良作用的科学评估。包括危害确认，危害特征描述，暴露评估和风险表述。

(8) 规范残留试验中值 Supervised Trials Median Residue (STMR) 有效残留数据的中间值。

(9) 最高残留值 Highest Residue (HR) 有效残留数据的最大值。

(10) 国家估算每日摄入量 National Estimated Daily Intake (NEDI) 是对长期农药残留摄入的估计。它是基于每人每日平均食物消费量和规范残留试验中值计算的，包括食品加工过程中残留变化，其他来源的膳食摄入和有毒理学意义的转化产物。以毫克为单位。

(11) 国家估算短期摄入量 National Estimated Short Term Intake (NESTI) 是对短期农药残留摄入的估计。它是基于每人每日(餐)某种食物摄入量和规范残留试验的最高残留值计算的，主要考虑食品可食部分的残留，包括其他来源的膳食摄入和有毒理学意义的转化产物，以每千克体重的毫克数为单位。

(12) 良好实验室规范 Good Laboratory Practice (GLP) 是一种有关非临床人类健康和环境安全试验的设计、实施、查验、记录、归档及报告等的组织过程和条件的质量体系。